信息通信造价管理实务

许英达　刘铭露 ◎ 著

吉林科学技术出版社

图书在版编目（CIP）数据

信息通信造价管理实务 / 许英达，刘铭露著 . -- 长春：吉林科学技术出版社，2023.6

ISBN 978-7-5744-0725-1

Ⅰ.①信… Ⅱ.①许… ②刘… Ⅲ.①信息工程 – 通信工程 – 造价管理 Ⅳ.① TN91

中国国家版本馆 CIP 数据核字（2023）第 141604 号

信息通信造价管理实务

著　　者	许英达　刘铭露
出版人	宛　霞
责任编辑	王天月
封面设计	易出版
制　　版	北京星月纬图文化传播有限责任公司
幅面尺寸	185mm×260mm
开　　本	16
字　　数	330 千字
印　　张	16
印　　数	1–1500 册
版　　次	2023年6月第1版
印　　次	2024年2月第1次印刷

出　　版	吉林科学技术出版社
发　　行	吉林科学技术出版社
地　　址	长春市福祉大路5788号
邮　　编	130118
发行部电话/传真	0431-81629529 81629530 81629531
	81629532 81629533 81629534
储运部电话	0431-86059116
编辑部电话	0431-81629518
印　　刷	三河市嵩川印刷有限公司

书　　号	ISBN 978-7-5744-0725-1
定　　价	79.00元

前　言

在信息通信技术快速发展的今天，我们见证了信息通信建设项目规模的不断扩大和技术进步的不断提升。这种发展不仅体现在项目的规模和复杂程度上，还表现在项目模式的新变化上。在这样的大背景下，造价管理在信息通信建设项目管理中的地位越来越重要，也越来越受到重视。

为了推动信息通信行业的高质量发展，我们需要满足信息通信工程的建设需求，合理有效地控制工程建设的投资，并规范信息通信建设管理工作。这是一个复杂而艰巨的任务，需要我们投入大量的时间和精力。

为此，我们进行了深入的研究和讨论，经过反复打磨和多次修改，最终编写了这本书。这本书是我们对信息通信建设项目管理的深入理解和实践的结晶，旨在为读者提供一套完整、系统的方法和策略，帮助他们更好地理解和掌握信息通信建设项目管理的各种知识和技能。

本书的编写目的是为广大从事信息通信建设工程造价管理的工作人员提供一套全面、系统的造价管理实务指南。我们深知，造价管理不仅仅是对成本和费用的简单计算，而是一种更为深入、系统的管理方法。它贯穿于项目的全过程，从项目决策、设计、实施到验收的各个阶段，都离不开造价管理的参与和指导。

在项目决策阶段，造价管理能够帮助决策者更准确地评估项目的投资效益，从而做出更科学、更合理的决策。在设计阶段，通过合理的造价控制，可以有效地降低项目的成本，提高项目的收益。在实施阶段，造价管理能够确保项目的质量和进度，避免因成本超支而导致的项目延期或失败。在验收阶段，通过对项目实际成本和预期成本的对比，可以评估项目的经济效益，为今后的项目提供参考和借鉴。

造价管理不仅关系到项目的经济效益，也关系到项目的社会效益和环境效益。只有做好造价管理，才能真正实现项目的投资效益最大化，才能真正推动信息通信建设行业的发展。

本书的内容非常丰富，注重理论实践相结合。在理论基础部分，详细介绍了造价管理的基本概念、原理和方法。其中包括项目成本计算的方法和步骤，如何进行造价控制以及如何进行造价评估等内容。通过这些理论知识的学习，读者可以对造价管理有一个全面深入的理解。

在实践案例部分，本书结合实际案例，详细阐述了如何在实践中应用造价管理方法。这些案例包括了项目决策、设计、实施和验收阶段的造价管理实践。通过阅读这些案例，读者可以了解到如何在实际工作中运用造价管理知识，如何解决实际问题，以及如何在实际操作中取得良好的效果。

本书的案例篇特别挑选了具有代表性的信息通信建设项目，这些项目涵盖了信息通信建设工程的各个阶段，包括规划、设计、施工和验收等各个阶段，项目的规模和特点也各不相同。通过研究这些案例，读者可以深入了解造价管理在实际项目中的应用情况，学习如何应对各种挑战，以及如何取得成功的经验。这对于希望提升自己项目管理能力，提高项目成功率的读者来说，具有很大的参考价值。

本书适合从事工程造价管理的相关人员阅读。无论你是资深的造价工程师，还是刚刚步入这个行业的新手，都可以从中获得宝贵的知识和经验。它不仅可以帮助你们深入理解工程造价管理的基本概念和理论框架，还可以为你们在实际工作中遇到的问题提供指导和解决方案。

本书由许英达和刘铭露共同编写。在本书的编写过程中，我们得到了众多行业专家和实践者的无私支持和帮助。他们的专业知识和丰富经验为我们提供了宝贵的参考，使我们能够更好地理解和掌握工程造价管理的各个方面。在此，我们要向他们表示诚挚的感谢。

我们希望，本书能够对信息通信建设行业的从业者产生积极的影响。我们希望，通过学习和实践本书中的知识，读者可以在工程造价管理的道路上走得更远，为推动行业的发展做出更大的贡献。

编　者

2023 年 2 月

目　录

第一章　建设工程项目管理概论

第一节　工程造价相关概念

一、工程造价概述

（一）工程造价的含义

所谓工程造价，就是工程的建造价格。工程，是泛指一切建设工程。由于工程的范围和内涵具有很大的不确定性，因此人们在日常的工程管理中，通常对工程造价有以下两种理解。

1. 工程造价的第一种含义

工程造价是指一项工程预期开支或实际开支的全部固定资产投资费用。也就是一项工程通过建设形成相应的固定资产、无形资产所需要一次性费用的总和。显然，这一含义是从投资者的角度来定义的。投资者选定一个投资项目，为了获得预期的效益，就要通过项目评估进行决策，然后进行设计招标、工程招标，直至竣工验收等一系列投资管理活动。在投资活动中所支付的全部费用形成了固定资产和无形资产。所有这些开支就构成了工程造价。从这个意义上说，工程造价就是工程投资费用，建设项目工程造价就是建设项目固定资产投资。

2. 工程造价的第二种含义

工程造价是指工程价格。即为建设一项工程，预计或实际在土地市场、设备市场、技术劳务市场，以及承包市场等交易活动中所形成的建筑安装工程的价格和建设工程总价格。显然，工程造价的第二种含义是以社会主义商品经济和市场经济为前提的。它以工程这种特定的商品形式作为交易对象，通过招投标、承发包或其他交易方式，在进行多次性预估的基础上，最终由市场形成的价格。在这里，工程的范围和内涵既可以是涵盖范围很大的一个建设项目，也可以是一个单项工程，甚至也可以是整个建设工程中的某个阶段，或者其中的某个组成部分。随着经济发展中技术的进步、分工的细化和市场的完善，工程建设中的中间产品也会越来越多，商品交换会更加频繁，工程价格的种类和形式也会更为丰富。尤其应该了解的是，投资体制改革，投资主体的多元格局，资金来源的多种渠道，使相当一部分建设工程的最终产品作为商品进入了流通。投资者为卖而建的工程，它们的价格是商品交易中现实存在的，是一种有加价的工程造价。在市场经济条件下，由于商品的普遍性，即使投资者是为了追求工程的使用功能，如用于生产产品或商业经营，但货币的价值尺度职能，同样也赋予它以价格，一旦投资者不再需要它的使用功能，它就会立即进入流通，成为真实的商品。无论是采用抵押、拍卖、租赁，还是企业兼并其性质都是相同的。

3. 工程造价两种含义的异同点

所谓工程造价的两种含义是以不同角度把握同一事物的本质。从建设工程的投资者来说，面对市场经济条件下的工程造价就是项目投资，是"购买"项目要付出的价格；同时也是投资者在作为市场供给主体时"出售"项目时订价的基础。对于承包商（设备供应商和规划、设计、施工等机构）来说，工程造价是他们作为市场供给主体出售商品和劳务的价格的总和，或是特指范围的工程造价。

工程造价的两种含义是对客观存在的概括。它们既是共生于一个统一体，又是相互区别的。最主要的区别在于需求主体和供给主体在市场追求的经济利益不同，因而管理的性质和管理的目标不同。从管理性质看，前者属于投资管理范畴，后者属于价格管理范畴。但二者又互相交叉。从管理目标看，作为项目投资或投资费用，投资者在进行项目决策和项目实施中，首先追求的是决策的正确性。投资是一种为实现预期收益而垫付资金的经济行为，项目决策是重要一环。项目决策中投资数额的大小、功能和价格比是投资决策的最重要的依据。其次，在项目实施中完善项目功能，提高工程质量，降低投资费用，按期或提前交付使用，是投资者始终关注的问题。因此降低工程造价是投资者始终如一的追求。作为工程价格，承包商所关注的是利润和高额利润，为此，他追求的是较高的工程造价。不同的管理目标，反映他们不同的经济利益，但他们都要受支配价格运动的那些经济规律的影响和调节。他们之间的矛盾正是市场的竞争机制和利益风险机制的必然反映。

区别工程造价的两种含义的理论意义在于，为投资者和以承包商为代表的供应商在工程建设领域的市场行为提供理论依据。当政府提出降低工程造价时，是站在投资者的角度充当着市场需求主体的角色；当承包商提出要提高工程造价、提高利润率，并获得更多的实际利润时，他是要实现一个市场供给主体的管理目标。这是市场运行机制的必然。不同的利益主体绝不能混为一谈。同时，两种含义也是对单一计划经济理论的一个否定和反思。区别两种含义的现实意义在于，为实现不同的管理目标，不断充实工程造价的管理内容，完善管理方法，更好地为实现各自的目标服务，从而有利于推动全面的经济增长。

（二）工程价格

工程价格是以货币形式表现的建设工程这个特殊商品的价值。在商品交换中，同一商品价格会经常发生变动；不同的商品会有不同的价格。引起商品价格变化的原因固然多样，但影响价格的决定因素是商品内含的价值。

1. 价格形成的基础是价值

商品的价值是凝结在商品中的人类无差别的劳动。因此，商品的价值量是由社会必要劳动时间来计量的。商品生产中社会必要劳动时间消耗越多，商品中所含的价值量就越大；反之，商品中凝结的社会必要劳动时间越少，商品的价值量就越低。

商品价值由两部分构成。一是商品生产中消耗掉的生产资料价值，二是生产过程中活劳动所创造的价值。活劳动所创造的价值又由两部分构成，一部分是劳动者为自己创造的价值；另一部分是劳动者为社会创造的价值。价值构成与价格形成有着内在的联系，同时也存在直接的对应关系。

生产中消耗的生产资料的价值 C，在价格中表现为物质资料耗费的货币支出；劳动者为自己创造的价值 V，表现为价格中的劳动报酬货币支出；劳动者为社会创造的价值 m，在价格中表现为盈利。前两部分货币支出形成商品价格中的成本。

2. 价格形成中的成本

成本，是商品在生产和流通中所消耗的各项费用的总和。是商品价值中 C 和 V 的货币表现。生产领域的成本称生产成本，流通领域的成本称流通成本。

价格形成中的成本不同于个别成本。个别企业的成本取决于企业的技术装备和经营管理水平，也取决于劳动者的素质和其他因素。每个企业由于各自拥有的条件不同，成本支出自然也不会相同。所以个别成本不能成为价格形成中的成本。价格形成中的成本是社会平均成本。但企业的个别成本确系形成社会成本的基础。社会成本是反映企业必要的物质消耗支出和工资报酬支出，是各个企业成本开支的加权平均数。企业只能以社会成本作为商品定价的基本依据，以社会成本作为衡量经营管理水平的指标。

价格形成中的成本是正常成本。所谓正常成本，从理论上说是反映社会必要劳动时间消耗的成本，也即商品价值中的 C 和 V 的货币表现。社会必要劳动时间，是指"在现有的社会正常的生产条件下，在社会平均的劳动熟练程度和劳动强度下制造某种使用价值所需要的劳动时间"。这就要求价格形成中的成本必须是既能较好地补偿企业资金合理耗费，又不能包含由于非正常因素引起的企业成本支出。

在现实经济活动中，正常成本是指新产品正式投产成本，或是新老产品在生产能力正常、效率正常条件下的成本。非正常因素形成的企业成本开支属非正常成本。

非正常成本一般是指：新产品试制成本；小批量生产成本；其他非正常因素形成的成本。在价格形成中不能考虑非正常成本的影响。

3．价格形成中的盈利

价格形成中的盈利是价值构成中的"m"的货币表现。它由企业利润和税率两部分组成。

盈利在价格形成中虽然所占份额不大，远低于成本。但它是社会扩大再生产的资金来源，对社会经济的发展具有十分重要的意义。价格形成中没有盈利，再生产就不可能在扩大的规模上进行，社会也就不可能发展。

价格形成中盈利的多少在理论上取决于劳动者为社会创造的价值量，但要准确地计算是相当困难的。一般说来，在市场经济条件下，盈利是通过竞争形成的，如果从宏观和微观管理的角度出发，在制定商品价格时要计算平均利润。就我国的情况说，计算盈利可以有多种方法供选择。

（1）按社会平均成本盈利率计算盈利

按社会平均成本盈利率计算盈利，也就是按部门平均成本和社会平均成本盈利率计算的盈利，它反映着商品价格中利润和成本之间的数量关系。其计算公式为：

社会平均成本盈利率 = 全社会产品盈利总额 / 全社会产品年成本总额 *100%

商品盈利 = 商品部门平均成本 * 社会平均成本盈利率

成本盈利率比较全面地反映了商品价值中活劳动和物化劳动的耗费，特别是成本在价格中比重很大的情况下，它可以使价格不至于严重背离价值。同时计算比较简便。但是，由于计算盈利的基础是成本，所以成本中物质消耗和活劳动消耗越多，盈利就越多，在理论上显然是不合理的，在实践上它不利物化劳动和活劳动消耗的节约，也不利物化劳动消耗和活劳动消耗比较低的产业部门的发展。

（2）按社会平均工资盈利率计算盈利

按社会平均工资盈利率计算盈利，也就是按部门平均成本和社会平均工资盈利率计算的盈利，它反映工资报酬和盈利之间的数量关系，直接以价值为基础计算盈利。其计算公式为：

社会平均工资盈利率 = 全社会商品年盈利总额 / 全社会商品年工资总额 *100%

商品盈利 = 商品平均耗费工资数 * 社会平均工资盈利率

从活劳动创造价值的角度看，按工资盈利率计算盈利，能比较近似地反映社会必要劳动量的消耗。因此，也就能比较准确地反映活劳动的效果，也能比较准确地反映国民经济各部门的劳动比例和国民收入初次分配中为自己劳动与为社会的扣除之间的关系，在计算盈利时也比较简便。但是，平均工资盈利率忽视了物质技术在生产中的作用，从而使资金密集和技术密集的部门盈利水平不高，处于不利地位，所以它不利于技术进步。尤其是进入知识经济时代，技术迅猛发展，它就更加不适应发展潮流了。

（3）按社会平均资金盈利率计算盈利

按社会平均资金盈利率计算盈利，也就是按部门平均成本和社会平均资金盈利率计算盈利，也称它为生产价格。它反映全部资金占用和全年总盈利额之间的数量关系。其计算公式为：

社会平均资金盈利率 = 全社会商品年盈利总额 / 全社会商品占用资金总额 *100%

商品盈利 = 商品平均占用资金 * 社会平均资金盈利率

按资金盈利率计算盈利，是社会化大生产发展到一定程度的必然要求，它承认物质技术装备和资金占用情况对提高劳动生产率的作用，符合马克思关于生产价格形成的理论，也适应市场经济发展的需要。但是，它不利于劳动密集型部门和生产力水平较低的部门发展，同时在实践中也难以计算。

（4）按综合盈利率计算盈利

按综合盈利率计算盈利，也就是按社会平均工资盈利率和社会平均资金盈利率，分别以一定比例分配社会盈利总额，设前者占 30%，后者占 70%，其计算公式为：

综合盈利率 = 社会平均工资盈利率 *30%+ 社会平均资金盈利率 *70%

商品盈利 = 部门平均成本 * 综合盈利率

综合盈利率较全面地反映了劳动者和生产资料的作用，但二者各占多大比例则应视各部门和整个国民经济发展水平加以选择。从发展的眼光看，以资金盈利率为主导应是一种趋势。同时在市场经济条件下，盈利最终是由市场竞争决定的。

4．影响价格形成的其他因素

价格的形成除取决于它的价值基础之外，还受到币值和供求的影响。

（1）供求对价格形成的影响

商品供求状况对价格形成的影响，是通过价格波动对生产的调节来实现的。社会必要劳动时间有两重含义。第一种含义是指单个商品的社会必要劳动时间，第二种含义是商品的社会需求总量的社会必要劳动时间。在商品交换不发达的情况下，第一种含义是主要的。在商品经济和市场经济发达的情况下，第二种含义则成了主要矛盾。社会必要劳动时间的第一种含义是第二种含义的基础和历史的起点，第二种含义则是第一种含义的逻辑发展和前提。

供求对价格形成的影响与社会必要劳动时间的第二种含义密切相关。市场供求状况取决于社会必要劳动时间在社会总产品中的分配是否和社会需要相一致。如果某种商品供给大于需求，多余的商品在市场上就难以找到买主。此时尽管第一种含义的社会必要劳动时间并没有变化，但商品却要低于其价值出售，价格只能被迫下降。相反，在供不应求的情况下，商品就会高于其价值出售，价格就会提高。因此，商品价格的降低，会调节生产者减少供应量，价格提高又会调节生产者增加供应量，从而使市场供需趋于平衡。这里应该进一步明确的是，价格首先取决于价值，价格作为市场最主要的也是最重要的信号以其波动调节供需，然后供需又影响价格，价格又影响供需。二者是相互影响、相互制约的。从短时期看，供求决定价格；而从长时期看，则是价格通过对生产的调节决定供求，使供求趋于平衡。

（2）币值对价格形成的影响

价格是以货币形式表现的价值。这就决定影响价格变动的内在因素有二：一是商品的价值量，二是货币的价值量。在币值不变的条件下，商品的价值量增加，必导致价格的上升；反之价格就会下降。在价值量不变的条件下，货币的价值量增加，价格就会下降；反之价格就会上升。所以币值稳定，价格也会稳定。如果"某些商品的价值和货币的价值同时按同一比例提高，这些商品的价格就不会改变"。但实际中很少这种现象。

除币值和供求对价格形成产生影响之外，土地的级差收益和汇率等也会在一定的条件下对商品价格的形成产生影响，甚至一定时期的经济政策也会在一定的程度上影响价格的形成。

5．支配价格运动的规律

价格存在于不断运动之中。运动是价格存在的形式，也是价格职能实现的形式。价格运动是由价格形成因素的运动性决定的。价格运动受一定规律支配。支配价格运动的经济规律主要是价值规律、供求规律和纸币流通规律。

（1）价值规律对价格的影响

价值规律是商品经济的一般规律，是社会必要劳动时间决定商品价值量的规律。价值规律要求商品交换必须以等量价值为基础，商品价格必须以价值为基础。但这并不是说，每一次商品交换都是等量价值的交换；也不是说商品价格总是和价值相一致。在现实的经济生活中，价格和价值往往是不一致的。价格通常或高或低地偏离价值。当商品中所含价值量降低时，价格就会下降；价值的含量高，价格也就会高。价格是价值的表现。在市场经济条件下，当投入某种商品的社会劳动低于社会需求时，它的价格就会因市场供不应求而价格上升；当投入商品的社会劳动多于社会需求时，价格就会因商品供大于求而下降。供给者的趋利行为会不断改变供求状况，使价格时而高于价值，时而低于价值。因此从个别商品和某个时点上看，价格和价值往往是偏离的。但从商品总体上和一定时期看，价格是符合价值的。价格总是通过围绕价值上下波动的形式来实现价值规律。如果价格长期背离价值，脱离价值基础，就反映了价格的扭曲，反映价格违背了价值规律。在这种情况下，价格的职能非但无从实现，还会对经济发展产生负面影响。在我国改革开放前，工程造价就存在严重背离价值的现象，造成了资料浪费、效率低下和建筑业发展滞后等不良后果。

（2）商品供求规律对价格的影响

供求规律是商品供给和需求变化的规律。从价值规律对价格的影响已经可以看出，价值规律和供求规律是共同对价格发生影响的。供求关系的变动影响价格的变动，而价格的变动又影响供求关系的变动。供求规律要求社会总劳动应按社会需求分配于国民经济各部门。如果这一规律不能实现，就会产生供求不平衡，从而就会影响价格。供求关系就是从不平衡到平衡，再到不平衡的运动过程，也就是价格从偏离价值到趋于价值，再到偏离价值的运动过程。

（3）纸币流通规律对价格的影响

纸币流通规律就是流通中所需纸币量的规律。它取决于货币流通规律。货币能够表现价值，是因为作为货币的黄金自身有价值，每单位货币的价值越大，商品的价格就越低，价格与货币是反比关系。在商品价值与货币比值不变的情况下，流通中需要多少货币，是由货币流通规律决定的。货币流通规律的表达式如下：

流通中货币需要量＝商品价格总额／货币平均周转次数

在货币流通速度不变的条件下，商品数量越大则货币需要量越大，商品价格越高则货币需要量也越大。反之，货币需要量则减少。同埋，在商品总量不变，价格不变的条件下，货币流通速度越快，货币需要量越小。当流通中的货币多于需要量，作为货币的黄金就会退出流通执行贮藏手段的职能；当流通中的货币不能满足需要时，货币又会从贮藏手段转化为支付手段进入流通。

纸币是由国家发行、强制通用的货币符号，本身没有价值，但可代替货币充当流通手段和支付手段。纸币作为金属货币的符号，它的流通量应等同于金币的流通量。但纸币没有贮藏手段职能，如果纸币流通量超过需要量，纸币就会贬值。此时，它所代表的价值就会低于金属货币的价值量，商品的价格就会随之提高。纸币流通量不能满足需要时，它所代表的价值就会高于金属货币的价值，此时价格就会下降。

（三）工程造价的特点

1．工程造价的大额性

能够发挥投资效用的任一项工程，不仅实物形体庞大，而且造价高昂。动辄数百万、数亿，特大的工程项目造价可达百亿、千亿元人民币。工程造价的大额性使它关系到有关各方面的重大经济利益，同时也会对宏观经济产生重大影响。这就决定了工程造价的特殊地位，也说明了造价管理的重要意义。

2．工程造价的个别性、差异性

任何一项工程都有特定的用途、功能、规模。因此对每一项工程的结构、造型、空间分割、设备配置和内外装饰都有具体的要求，所以工程内容和实物形态都具有个别性、差异性。产品的差异性决定了工程造价的个别性差异。同时每项工程所处地区、地段都不相同，使这一特点得到强化。

3．工程造价的动态性

任一项工程从决策到竣工交付使用，都有一个较长的建设期间，而且由于不可控因素的影响，在预计工期内，许多影响工程造价的动态因素，如工程变更，设备材料价格，工资标准以及费率、利率、汇率会发生变化。这种变化必然会影响到造价的变动。所以，工程造价在整个建设期中处于不确定状态，直至竣工决算后才能最终确定工程的实际造价。

4．工程造价的层次性

造价的层次性取决于工程的层次性。一个工程项目往往含有多项能够独立发挥设计效能的单项工程。一个单项工程又是由能够各自发挥专业效能的多个单位工程组成。与此相适应，工程造价有 3 个层次：建设项目总造价、单项工程造价和单位工程造价。如果专业分工更细，还可下分为分部工程和分项工程，从而使工程造价而成为 5 个层次。即使从造价的计算和工程管理的角度看，工程造价的层次性也是非常突出的。

5. 工程造价的兼容性

造价的兼容性首先表现在它具有两种含义，其次表现在造价构成因素的广泛性和复杂性。在工程造价中，首先说成本因素非常复杂。其中为获得建设工程用地支出的费用、项目可行性研究和规划设计费用、与政府一定时期政策（特别是产业政策和税收政策）相关的费用占有相当的份额。再次，盈利的构成也较为复杂，资金成本较大

二、工程造价的相关专业术语

（一）静态投资与动态投资

静态投资是以某一基准年、月的建设要素的价格为依据所计算出的建设项目投资的瞬时值。但它含因工程量误差而引起的工程造价的增减。静态投资包括：建筑安装工程费，设备和工、器具购置费，工程建设其他费用，基本预备费。

动态投资是指为完成一个工程项目的建设，预计投资需要量的总和。它除了包括静态投资所含的内容之外，还包括建设期贷款利息、涨价预备金、新开征税费，以及汇率变动部分。动态投资适应了市场价格运动机制的要求，使投资的计划、估算、控制更加符合实际，符合经济运动规律。

静态投资和动态投资虽然内容有所区别，但二者有密切联系。动态投资包含静态投资，静态投资是动态投资最主要的组成部分，也是动态投资的计算基础。并且这两个概念的产生都和工程造价的确定直接相关。

（二）建设项目总投资

建设项目总投资是投资主体为获取预期收益，在选定的建设项目上投入所需全部资金的经济行为。所谓建设项目，一般是指在一个总体规划和设计的范围内，实行统一施工、统一管理、统一核算的工程，它往往由一个或数个单项工程所组成。建设项目按用途可分为生产性项目和非生产性项目。生产性建设项目总投资包括固定资产投资和包括铺底流动资金在内的流动资产投资两部分。而非生产性建设项目总投资只有固定资产投资，不含上述流动资产投资。建设项目总造价是项目总投资中的固定资产投资总额。其组成如表 1-1 所示。

表 1-1　建设工程项目造价组成

可研阶段	费用组成			初步设计阶段	
建设项目估算总投资	建设投资	固定资产费用	建筑安装工程费	第一部分工程费用	建设项目概算总投资
			设备、工器具购置费		
			固定资产其他费用　建设单位管理费	第二部分工程建设其他费用	
			可行性研究费		
			研究试验费		
			勘察设计费		
			环境影响评价费		
			劳动安全卫生评价费		
			场地准备及临时设施费		
			引进技术和引进设备其他费		
			工程保险费		
			建设工程监理费		
			工程招标代理费		
		无形资产费用专利和专利技术使用费	建设用地及综合赔补费		
		其他资产费用（递延资产）	生产准备及开办费		
		预备费价差预备费	基本预备费	第三部分预备费	
	建设期利息			第四部分专项费用	
	流动资金（项目报批总投资和概算总投资只列铺底流动资金）				

（三）投资估算

投资估算是指在项目建议书或可研阶段，对拟建项目通过编制估算文件确定的项目总投资额。投资估算是决策、筹资和控制建设工程造价的主要依据。

（四）设计概算

设计概算是指在初步设计阶段，按照概算定额、概算指标或预算定额编制的工程造价。设计概算造价分为建设项目总概算、单项工程概算和单位工程概算等。

（五）修正概算

修正概算是指在采用三阶段设计的技术设计阶段，根据技术设计的要求，按照概算定额、概算指标或预算定额编制的工程造价。它对初步设计概算进行修正调整，比设计概算造价准确，但受设计概算造价控制。

（六）施工图预算

施工图预算是指在施工图设计阶段，按照预算定额编制的工程造价。

（七）合同价

合同价是指在工程招投标阶段，通过签订总承包合同、建筑安装承包合同、设备采购合同，以及技术和咨询服务合同等确定的价格。合同价属于市场价格的性质，它是由承发包双方根据市场行情共同议定和认可的成交价格。

（八）结算价

结算价是指在工程结算时，根据不同合同方式进行的调价范围和调价方法，对实际发生的工程量增减、设备和材料价差等进行调整后计算和确定的价格。结算价是该结算工程的实际价格。

（九）决算价

决算是指在竣工验收阶段，通过为建设项目编制竣工决算文件，最终确定建设项目的实际工程造价。

（十）成本价

成本价就是商品取得的价值。如果是自己生产的商品，其成本价包括转移到商品里的原材料、工人工资、应该分摊的折旧费、生产管理人员工资、水电费、维修费等；如果是购进的商品，成本价即商品的购进价值。某些时候也称出厂价。

三、工程造价的计价特征

工程造价的特点，决定了工程造价的计价特征。了解这些特征，对工程造价的确定与控制是非常必要的。

（一）单件性计价特征

产品的差别性决定每项工程都必须单独计算造价。这是因为每个建设项目所处的地理位置、地形地貌、地质结构、水文、气候、建筑标准以及运输、材料供应等都有它独特的形式和结构，需要一套单独的设计图纸，并采取不同的施工方法和施工组织，不能像对一般工业产品那样按品种、规格、质量等成批的定价。

（二）多次性计价特征

建设工程周期长、规模大、造价高，因此要按建设程序分阶段实施，在不同的阶段影响工程造价的各种因素逐步被确定，适时地调整工程造价，以保证其控制的科学性。多次性计价就是一个逐步深入、逐步细化和逐步接近实际造价的过程。工程多次性计价的过程如图1-2所示。

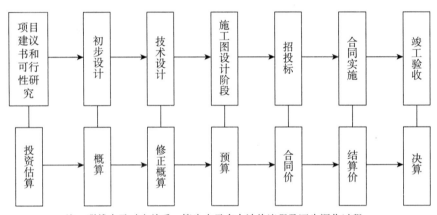

注：联线表示对应关系，箭头表示多次计价流程及逐步深化过程。

图1-2　工程多次性计价过程示意图

以上内容说明，多次性计价是一个由粗到细、由浅入深、由概略到精确的过程，也是一个复杂而重要的管理系统工程。

（三）组合性特征

工程造价的计算是分步组合而成，这一特征和建设项目的组合性有关。一个建设项目是一个工程综合体，这个综合体可以分解为许多有内在联系的独立和不能独立的工程。单位工程的造价可以分解出分部、分项工程的造价。从计价和工程管理的角度，分部、分项工程还可以再分解。由上可以看出，建设项目的这种组合性决定了计价的过程是一个逐步组合的过程。这一特征在计算概算造价和预算造价时尤为明显，所以也反映到了合同价和结算价中。

按照工程项目划分，工程造价的计算过程和计算顺序是：分部、分项工程造价——→单位工程造价——→单项工程造价——→建设项目总造价。

分部、分项工程是编制施工预算和统计实物工程量的依据，也是计算施工产值和投资完成额的基础。

（四）方法的多样性特征

为适应多次性计价以及各阶段对造价的不同精确度要求，计算和确定工程造价的方法有综合指标估算法、单位指标估算法、套用定额法、设备系数法等。不同的方法各有利弊，适应条件也不同，所以计价时要加以选择。

（五）依据的复杂性特征

影响工程造价的因素主要可分为以下七类：

1. 计算设备和工程量依据。包括项目建设书、可行性研究报告、设计图纸等。

2. 计算人工、材料、机械等实物消耗量依据。包括投资估算指标、概算定额、预算定额等。

3. 计算工程单价的价格依据。包括人工单价、材料价格、机械和仪表台班价格等。

4. 计算设备单价依据。包括设备原价、设备运杂费、进口设备关税等。

5. 计算措施费、间接费和工程建设其他费用依据，主要是相关的费用定额和指标。

6. 政府规定的税、费。

7. 物价指数和工程造价指数。

依据的复杂性不仅使计算过程复杂，而且要求计价人员熟悉各类依据，并要正确加以利用。

四、工程造价发生作用的影响因素

影响建设工程造价作用正常发挥的主要因素有以下几方面：

1. 在理论认识上受传统观念的束缚，不承认在建设领域商品交换关系的普遍存在，导致对工程造价作用的严重忽视和采用过多的行政干预手段。

2. 长期单一计划经济体制和单一财政投资渠道，使工程造价管理的范围局限在占全社会固定资产投资不多的政府投资项目上。工程价格的价值基础受到严重忽略。

3. 工程造价虽属生产领域价格的范畴，但不能割断它和流通领域的关系，如何建立合理的生产领域和流通领域价格的差价关系是充分发挥工程价格作用的必要条件。割断建设工程造价与流通领域价格的联系，影响它调节作用和分配作用的发挥。

4. 建设工程造价信息自身具有封闭性，但缺乏信息加工和传递更加大了这一缺陷，使工程价格这方面的作用受到削弱。

5. 投资主体责任制尚未完全形成，工程造价在项目决策和控制投资方面的作用也受到削弱。

归结起来，传统的观念和旧的体制束缚仍然是充分发挥建设工程价格作用的主要障碍。而克服上述障碍的根本途径是完善我国社会主义市场经济，加大改革的力度。

第二节 建设工程项目组成

建设工程项目是指按照一个总体设计进行建设，经济上实行统一核算，行政上有独立的组织形式，实行统一管理，由一个或若干个具有内在联系的工程所组成的总体。凡属于一个总体设计中的主体工程和相应的附属配套工程、综合利用工程、环境保护工程、供水供电工程等，均可作为一个建设项目。凡不属于一个总体设计，工艺流程上没有直接关系的几个独立工程，应分别作为不同的建设项目。

建设工程项目按照合理确定工程造价和建设管理工作的需要，可划分为单项工程、单位工程、分部工程和分项工程。

一、单项工程

单项工程是建设工程项目的组成部分，是指具有单独的设计文件，建成后能够独立发挥生产能力或效益的工程。工业建设项目的单项工程一般是指能够生产出符合设计规定的主要产品的车间或生产线；非工业建设项目的单项工程一般是指能够发挥设计规定的主要效益的各个独立工程，如教学楼、图书馆等。信息通信建设工程单项工程划分见表2-1。

表 2-1 信息通信建设工程单项工程项目划分表

专业类别	单项工程名称	备注
通信线路工程	1. ××光、电缆线路工程 2. ××水底光、电缆工程（包括水线房建筑及设备安装） 3. ××用户线路工程（包括主干及配线光、电缆、交接及配线设备、集线器、杆路等） 4. ××综合布线系统工程	进局及中继光（电）缆工程可按每个城市作为一个单项工程

续表

专业类别	单项工程名称	备注
通信管道工程	通信管道工程	
通信传输设备安装工程	1. ××数字复用设备及光、电设备安装工程 2. ××中继设备、光放设备安装工程	
微波通信设备安装工程	××微波通信设备安装工程（包括天线、馈线）	
卫星通信设备安装工程	××地球站通信设备安装工程（包括天线、馈线）	
移动通信设备安装工程	1. ××移动控制中心设备安装工程 2. 基站设备安装工程（包括天线、馈线） 3. 分布系统设备安装工程	
通信交换设备安装工程	××通信交换设备安装工程	
数据通信设备安装工程	××数据通信设备安装工程	
供电设备安装工程	××电源设备安装工程（包括专用高压供电线路工程）	

二、单位工程

单位工程是单项工程的组成部分，是指具有独立的设计文件，能单独施工，但建成后不能独立发挥生产能力或使用效益的工程。如一个生产车间的土建工程、电气照明工程、给排水工程、机械设备安装工程、电气设备安装工程等都是生产车间这个单项工程的组成部分，即单位工程。信息通信工程中常见的单位工程项目划分见表2-2。

表2-2　信息通信建设工程单位工程项目划分表

单项工程	单位工程
某移动交换局（控制中心）设备安装工程	控制中心设备安装工程
基站设备安装工程	**基站设备安装工程
	**地区基站设备安装工程
	……
某基站、交换局电源设备安装工程	安装、调测供电设备
	敷设电源母线、电力电缆及终端制作
	接地装置
	安装附属设施及其他
	……
光缆线路工程	直埋线路工程
	架空线路工程
	管道线路工程

续表

单项工程	单位工程
通信管道工程	通信管道工程
某传输设备安装工程	波分传输设备安装工程
	光纤数字传输设备安装工程
	微波传输设备安装工程
	无源光网络设备工程
	同步网设备安装工程
某数据通信设备安装工程	数据通信设备安装工程
某核心网设备安装工程	核心网设备安装工程
	核心网网管设备安装工程
	信令网设备安装工程
某安防监控设备安装工程	视频监控设备安装工程
	有线对讲门禁设备设备安装工程
	入侵报警设备设备安装工程
某建筑智能化安装工程	多表远传系统设备安装工程
	楼宇自控设备安装工程

三、分部工程

分部工程是单位工程的组成部分。分部工程一般按工种来划分，例如土石方工程、脚手架工程、钢筋混凝土工程、木结构工程、金属结构工程、装饰工程等等。也可按单位工程的构成部分来划分，例如基础工程、墙体工程、梁柱工程、楼地面工程、门窗工程、屋面工程等等。一般建设工程概、预算定额的分部工程划分综合了上述两种方法。信息通信工程中常见的分部工程项目划分见表 2-3。

表 2-3　信息通信工程中常见的分部工程项目划分

单位工程	分部工程
控制中心设备安装工程	安装室内、外缆线走道
	安装机架（柜）、配线架（箱）、附属设备
	布放设备缆线
	安装防护及加固设备
	安装、调测控制中心设备
	联网调测
	……

续表

单位工程	分部工程
**基站设备安装工程	安装室内、外缆线走道
	安装机架（柜）、配线架（箱）、附属设备
	布放设备缆线
	安装防护及加固设备
	安装、调测天、馈线
	安装、调测基站设备
	联网调测
	……
**地区基站设备安装工程	
……	
安装、调测供电设备	高、低压发电机
	电池
	供电系统联测
	……
敷设电源母线、电力电缆及终端制作	
接地装置	
安装附属设施及其他	
……	
直埋线路工程	施工测量
	挖填缆沟及坑
	敷缆
	接续与测试
	保护与防护
	线路设备安装
	……
架空线路工程	施工测量
	立杆
	电杆加固及保护
	架设吊线
	敷缆
	接续与测试
	线路设备安装
	……

续表

单位工程	分部工程
管道线路工程	施工测量
	人（手）孔抽水
	敷设子管
	敷缆
	接续与测试
	线路设备安装
	……
通信管道工程	施工测量
	开挖路面
	开挖土石方
	回填
	做管道基础
	敷管
	包封
	砌筑人（手）孔
	其他（挡土板、抽水、管道基础加筋等）
	……
波分传输设备安装工程	安装缆线走道
	安装机柜、机架、机箱及其附属部件
	布放设备缆线
	安装防护及加固施
	安装通用模块及器件
	安装、调测波分传输设备
光纤数字传输设备安装工程	安装缆线走道
	安装机柜、机架、机箱及其附属部件
	布放设备缆线
	安装防护及加固施
	安装通用模块及器件
	安装、调测光纤数字传输设备
微波传输设备安装工程	安装缆线走道
	安装机柜、机架、机箱及其附属部件

续表

单位工程	分部工程
微波传输设备安装工程	布放设备缆线
	安装防护及加固设施
	安装通用模块及器件
	安装、调测微波传输设备
无源光网络设备工程	安装缆线走道
	安装机柜、机架、机箱及其附属部件
	布放设备缆线
	安装防护及加固设施
	安装通用模块及器件
	安装、调测无源光网络设备
同步网设备安装工程	安装缆线走道
	安装机柜、机架、机箱及其附属部件
	布放设备缆线
	安装防护及加固设施
	安装通用模块及器件
	安装、调测同步网设备
数据通信设备安装工程	安装缆线走道
	安装机柜、机架、机箱及其附属部件
	布放设备缆线
	安装、调测网络设备
	安装、调测服务器设备
	安装、调测数据存储设备
	安装、调测网络安全设备
	安装、调测数据通信附属设备
核心网设备安装工程	安装缆线走道
	安装机柜、机架、机箱及其附属部件
	布放设备缆线
	安装防护及加固设施
	安装通用模块及器件
	安装、调测核心网专用设备
	调测核心网虚拟化网络功能

续表

单位工程	分部工程
核心网网管设备安装工程	安装缆线走道
	安装机柜、机架、机箱及其附属部件
	布放设备缆线
	安装防护及加固设施
	安装通用模块及器件
	安装、调测操作维护中心设备
信令网设备安装工程	安装缆线走道
	安装机柜、机架、机箱及其附属部件
	布放设备缆线
	安装防护及加固设施
	安装通用模块及器件
	安装、调测信令网设备
视频监控设备安装工程	安装、调测摄像设备安装
	安装摄像辅助设备
	安装视频控制设备
	安装音频、视频分配器
	安装视频传输设备
	安装、调测视频存储、显示设备
有线对讲门禁设备设备安装工程	安装对讲设备
	安装门禁执行机构设备
入侵报警设备设备安装工程	安装入侵探测器
	安装安全防范报警控制器
	安装报警显示设备
	安装报警信号传输设备
多表远传系统设备安装工程	安装基表接线
	安装、调测抄表采集系统
	安装、调测中心管理系统
楼宇自控设备安装工程	安装、调测中央管理系统
	安装、调测控制网络通讯设备
	安装、调测控制器
	安装、调测温湿度传感器
	安装、调测压力传感器
	安装、调测电量变送器
	安装、调测其他传感器及变送器
	安装梯控系统

四、分项工程

分项工程是分部工程的组成部分。一般按照工序或材料、施工工艺、设备类别等进行划分。例如基础工程还可以划分为基槽开挖、基础垫层、基础砌筑、基础防潮层、基槽回填土、土方运输等分项工程。分项工程是建设工程的基本构造要素。通常，分项工程是计算工、料及资金消耗的最基本的构造要素。信息通信工程中常见的分项工程项目划分见表2-4。

表 2-4　信息通信工程中常见的分项工程项目划分

分部工程	分项工程
安装室内、外缆线走道	
安装机架（柜）、配线架（箱）、附属设备	
布放设备缆线	布放设备电线
	布放监控信号线、软光纤
	布放电力电缆
安装防护及加固设备	
安装、调测控制中心设备	
联网调测	
……	
安装室内、外缆线走道	
安装机架（柜）、配线架（箱）、附属设备	
布放设备缆线	布放设备电线
	布放监控信号线、软光纤
	布放电力电缆
安装防护及加固设备	
安装、调测天、馈线	
安装、调测基站设备	
联网调测	
……	
高、低压发电机	
电池	蓄电池组
	太阳能电池
	不间断电源
	开关电源
供电系统联测	

续表

分部工程	分项工程
……	
施工测量	
挖填缆沟及坑	挖、松填普通土
	挖、松填硬土
	挖、夯填普通土
	……
敷缆	
接续与测试	
保护与防护	
线路设备安装	
……	
施工测量	
立杆	立 9m 水泥杆（综合土）
	立 9m 水泥杆（软石）
	立 9m 木杆（综合土）
	……
电杆加固及保护	
架设吊线	
敷缆	
接续与测试	
线路设备安装	
……	
施工测量	
人（手）孔抽水	
敷设子管	
敷缆	敷设管道光缆（12 芯以下）
	敷设管道光缆（36 芯以下）
	人工敷设管道电缆（200 对以下）
	……

续表

分部工程	分项工程
接续与测试	
线路设备安装	
……	
施工测量	
开挖路面	
开挖土石方	
回填	松填原土
	夯填原土
	夯填灰土（2：8）
	……
做管道基础	
敷管	
包封	
砌筑人（手）孔	
其他（挡土板、抽水、管道基础加筋等）	
……	
安装缆线走道	
安装机柜、机架、机箱及其附属部件	安装设备柜、架、箱及其附属部件
	安装配线柜、架、箱及其附属部件
布放设备缆线	布放电力电缆
	布放通信电缆
	布放光纤光缆
安装防护及加固设施	
安装通用模块及器件	
安装、调测波分传输设备	安装测试有源波分设备
	安装测试无源波分设备
	网络保护及光路优化
	调测波分传输系统通道
安装缆线走道	
安装机柜、机架、机箱及其附属部件	安装设备柜、架、箱及其附属部件
	安装配线柜、架、箱及其附属部件

续表

分部工程	分项工程
布放设备缆线	布放电力电缆
	布放通信电缆
	布放光纤光缆
安装防护及加固设施	
安装通用模块及器件	
安装、调测光纤数字传输设备	安装测试光纤数字传输设备
	调测光纤数字传输系统通道
安装缆线走道	
安装机柜、机架、机箱及其附属部件	安装设备柜、架、箱及其附属部件
	安装配线柜、架、箱及其附属部件
布放设备缆线	布放电力电缆
	布放通信电缆
	布放光纤光缆
安装防护及加固设施	
安装通用模块及器件	
安装、调测微波传输设备	安装微波传输设备
	调测微波传输设备
安装缆线走道	
安装机柜、机架、机箱及其附属部件	
布放设备缆线	
安装防护及加固设施	
安装通用模块及器件	
安装、调测无源光网络设备	安装、调测 OLT 设备
	安装、调测 ONU、ONT 等设备
安装缆线走道	
安装机柜、机架、机箱及其附属部件	

续表

分部工程	分项工程
布放设备缆线	
安装防护及加固设施	
安装通用模块及器件	
安装、调测同步网设备	
安装缆线走道	
安装机柜、机架、机箱及其附属部件	安装设备柜、架、箱及其附属部件
	安装配线柜、架、箱及其附属部件
布放设备缆线	布放电力电缆
	布放通信电缆
	布放光纤光缆
安装、调测网络设备	安装、调测路由器设备
	安装、调测交换机设备
	安装、调测数字数据网设备
安装、调测服务器设备	
安装、调测数据存储设备	安装调试磁盘阵列
	安装调试磁带机
安装、调测网络安全设备	
安装、调测数据通信附属设备	
安装缆线走道	
安装机柜、机架、机箱及其附属部件	安装设备柜、架、箱及其附属部件
	安装配线柜、架、箱及其附属部件
布放设备缆线	布放电力电缆
	布放通信电缆
	布放光纤光缆
安装防护及加固设施	
安装通用模块及器件	
安装、调测核心网专用设备	
调测核心网虚拟化网络功能	
安装缆线走道	

续表

分部工程	分项工程
安装机柜、机架、机箱及其附属部件	安装设备柜、架、箱及其附属部件
	安装配线柜、架、箱及其附属部件
布放设备缆线	布放电力电缆
	布放通信电缆
	布放光纤光缆
安装防护及加固设施	
安装通用模块及器件	
安装、调测操作维护中心设备	
安装缆线走道	
安装机柜、机架、机箱及其附属部件	安装设备柜、架、箱及其附属部件
	安装配线柜、架、箱及其附属部件
布放设备缆线	布放电力电缆
	布放通信电缆
	布放光纤光缆
安装防护及加固设施	
安装通用模块及器件	
安装、调测信令网设备	
安装、调测摄像设备安装	安装调测摄像机
	安装调测球形一体机
	安装调测全景摄像机
安装摄像辅助设备	云台电动云台
	云台快速云台
	防护罩
	支架壁装支架
	支架悬挂支架
	控制台柜架
	监视器柜
	监视器吊架
	摄像机立杆 3m 以下
	摄像机立杆 5m 以下
	摄像机立杆 8m 以下
	摄像机立杆 10m 以下
	T 型摄像机立杆
	L 型摄像机立杆

续表

分部工程	分项工程
安装视频控制设备	云台控制器
	视频切换器
	矩阵切换设备
	数字矩阵切换设备
安装音频、视频分配器	音频、视频分配器
安装视频传输设备	发射设备
	接收设备
	解码驱动设备
安装、调测视频存储、显示设备	硬盘录像机
	网络硬盘录像机
	视频存储服务器
	视频服务器
	监视器
	液晶显示器
	大屏拼接控制器
安装对讲设备	有线对讲门口机
	有限可视对讲门口机
	有线对讲室内机
	有限可视对讲室内机
	楼层联网结点设备
	小区联网结点设备
	小区联网管理主机
安装门禁执行机构设备	电控锁
	电磁锁
	自动闭门器
	门禁控制器
	门禁读卡器
	IP 控制器
	门禁发卡器
	智能锁

分部工程	分项工程
安装入侵探测器	门磁开关
	紧急脚踏开关
	紧急手动开关
	紧急无线脚踏开关
	紧急无线手动开关
	主动红外探测器
	被动红外探测器
	红外幕帘探测器
	红外微波双鉴探测器
	微波探测器
	微波墙式探测器
	超声波探测器
	激光探测器
	玻璃破碎探测器
	震动探测器
	驻波探测器
	泄露电缆探测器
	感应式探测器
	无线报警探测器
	无线传输报警按钮
安装安全防范报警控制器	多线制报警控制器
	总线制报警控制器
安装报警显示设备	报警灯
	警铃
	报警警号
安装报警信号传输设备	有线报警信号前端传输设备
	报警信号接收机
	无线报警发送设备
	无线报警接收设备

续表

分部工程	分项工程
安装基表接线	远传冷、热水表接线
	远传脉动电表接线
	远传煤气表接线
	远传冷、热量表接线
	燃气用电动阀
	冷、热水用电动阀
安装、调测抄表采集系统	集中式远程抄表采集器安装调试
	集中式远程抄表主机安装调试
	分散式远程抄表采集器安装调试
	分散式远程抄表主机安装调试
	抄表控制箱安装调试
	用户读表器安装调试
	通讯接口卡安装调试
	分线器安装调试
	无线抄表采集器安装调试
安装、调测中心管理系统	多表采集中央管理计算机安装
	通讯接口转换器安装
安装、调测中央管理系统	中央站计算机安装调试
	楼宇自控系统调试
安装、调测控制网络通讯设备	控制网路由器安装、调试
	终端电阻（个）安装、调试
	干线连接器安装、调试
	干线隔离／扩充器安装、调试
	自控设备通讯模块安装、调试
	通讯接口机安装、调试
	通讯电源安装、调试
	计算机通讯接口卡安装、调试
	调制解调器接口卡安装、调试
	控制网分支器安装、调试
	控制网适配器安装、调试

续表

分部工程	分项工程
安装、调测控制器	控制器（DDC）安装及接线
	PLC 可编程控制器
	总线通信器安装、调试
	压差控制器安装、调试
	变风量控制器安装、调试
	风机盘管温控器安装、调试
	压力控制器安装、调试
	湿度控制器安装、调试
	水流开关安装、调试
安装、调测温湿度传感器	风管式温度传感器安装、调试
	风管式湿度传感器安装、调试
	风管式温度、湿度传感器安装、调试
	壁挂式温度传感器安装、调试
	壁挂式湿度传感器安装、调试
	壁挂式温度、湿度传感器安装、调试
	浸入式温度传感器普通型安装、调试
	浸入式温度传感器本安型安装、调试
	浸入式温度传感器隔爆型安装、调试
安装、调测压力传感器	水道压力传感器安装、调试
	水道压差传感器安装、调试
	静压 / 压差变送器安装、调试
	风管式静压变送器安装、调试
安装、调测电量变送器	电流变送器安装、调试
	电压变送器安装、调试
	有功功率变送器安装、调试
	无功功率变送器安装、调试
	有功 / 无功功率变送器安装、调试
	功率因素变送器安装、调试
	相位角变送器安装、调试
	有功电度变送器安装、调试
	无功电度变送器安装、调试
	频率变送器安装、调试
	电压 / 频率变送器安装、调试

续表

分部工程	分项工程
安装、调测其他传感器及变送器	风道式空气质量传感器安装、调试
	风道式烟感探测器安装、调试
	风道式气体探测器安装、调试
	风速传感器安装、调试
	液位开关安装、调试
	流量计安装、调试
	液位变送器安装、调试
安装梯控系统	电梯控制器
	电梯控制拓展板
	楼层信息采集器
	群控器
	显示读卡器

第三节　工程项目建设程序

　　建设程序是指建设项目从项目建议、可研、评估、决策、设计、施工到竣工验收、投入生产整个建设过程中，各项工作必须遵循的先后顺序的法则。这个法则是在人们认识客观规律的基础上制定出来的，是建设项目科学决策和顺利进行的重要保证，是多年来从事建设管理经验总结的高度概括，也是取得较好投资效益必须遵循的工程建设管理方法。按照建设项目进展的内在联系和过程，建设程序分为若干阶段，它们之间的先后次序和相互关系，不是任意决定的。这些进展阶段有严格的先后顺序，不能任意颠倒。违反了这个规律就会使建设工作出现严重失误，甚至造成建设资金的重大损失。

　　具体到通信行业基本建设项目和技术改造建设项目，尽管其投资管理、建设规模等有所不同，但建设过程中的主要程序基本相同。下面就以图 3-1 为例，对建设项目的建设程序及内容加以说明。

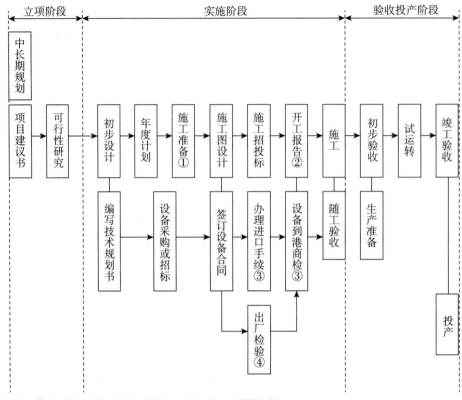

附注：①施工准备包括：征地、拆迁、三通一平、地质勘探等；

②开工报告：属于引进项目或设备安装项目（没有新建机房），设备发运后，即可写出开工报告；

③办理进口手续：引进项目按国家有关规定办理报批及进口手续；

④出厂检验：对复杂设备（无论购置国内、国外的）都要进行出厂检验工作；

⑤非引进项目为设备到货检查。

图 1-2-1　通信基本建设程序图

一、立项阶段

（一）项目建议书

各部门、各地区、各企业根据国民经济和社会发展的长远规划、行业规划、地区规划等要求，经过调查、预测、分析，提出项目建议书。

项目建议书的审批，视建设规模按国家相关规定执行。

（二）可行性研究

建设项目可行性研究是对拟建项目在决策前进行方案比较、技术经济论证的一种科学分析方法，是基本建设前期工作的重要组成部分。根据主管部门的相关规定，凡是达到国家规定的大中型建设规模的项目，以及利用外资的项目、技术引进项目、主要设备引进项目、国际出口局新建项目、重大技术改造项目等，都要进行可行性研究。小型通信建设项目，进行可行性研究时，也要求参照其相关规定进行技术经济论证。

可行性研究报告的内容根据行业的不同而各有所侧重，通信建设工程的可行性研究报告一般应包括以下几项主要内容：

1. 总论。包括项目提出的背景，建设的必要性和投资效益，可行性研究的依据及简要结论等。

2. 需求预测与拟建规模。包括业务流量、流向预测，通信设施现状，国家从战略、边海防等需要出发对通信特殊要求的考虑，拟建项目的构成范围及工程拟建规模容量等。

3. 建设与技术方案论证。包括组网方案，传输线路建设方案，局站建设方案，通路组织方案，设备选型方案，原有设施利用、挖潜和技术改造方案以及主要建设标准的考虑等。

4. 建设可行性条件。包括资金来源，设备供应，建设与安装条件，外部协作条件以及环境保护与节能等。

5. 配套及协调建设项目的建议。如进城通信管道，机房土建，市电引入，空调以及配套工程项目的提出等。

6. 建设进度安排的建议。

7. 维护组织、劳动定员与人员培训。

8. 主要工程量与投资估算。包括主要工程量，投资估算，配套工程投资估算，单位造价指标分析等。

9. 经济评价。包括财务评价和国民经济评价。财务评价是从通信企业或通信行业的角度考察项目的财务可行性，计算的财务评价指标主要有财务内部收益率和静态投资回收期等；国民经济评价是从国家角度考察项目对整个国民经济的净效益，论证建设项目的经济合理性，计算的主要指标是经济内部收益率等。当财务评价和国民经济评价的结论发生矛盾时，项目的取舍取决于国民经济评价。

10. 需要说明的有关问题

二、实施阶段

（一）初步设计

初步设计是根据批准的可行性研究报告，以及有关的设计标准、规范，并通过现场勘察工作取得可靠的设计基础资料后进行编制的。初步设计的主要任务是确定项目的建设方案、进行设备选型、编制工程项目的总概算。其中，初步设计中的主要设计方案及重大技术措施等应通过技术经济分析，进行多方案比选论证，未采用方案的扼要情况及采用方案的选定理由均应写入设计文件。

每个建设项目都应编制总体设计部分的总体设计文件（即综合册）和各单项工程设计文件，其内容深度要求如下：

1. 总设计文件内容包括设计总说明及附录，各单项设计总图，总概算编制说明及概算总表。设计总说明的具体内容可参考各单项工程设计内容择要编写。总说明的概述一节，应扼要说明设计的依据及其结论意见，叙述本工程设计文件应包括的各单项工程分册及其设计范围分工（引进设备工程要说明与外商的设计分工），建设地点现有通信情况及社会需要概况，设计利用原有设备及局所房屋的鉴定意见，本工程需要配合及注意解决的问题（例如抗震设防、人防、环保等要求，后期发展与影响经济效益的主要因素，本工程的网点布局、网络组织、主要的通信组织等），以表格列出本期各单项工程规模及可提供的新增生产能力并附工程量表、增员人数表、工程总投资及新增固定资产值、新增单位生产能力、综合造价、传输质量指标分析、本期工程的建设工期安排意见，以及其他必要的说明等。

2. 各单项工程设计文件一般由文字说明、图纸和概算三部分组成，具体内容依据各专业的特点而定。概括起来应包括以下内容：概述，设计依据，建设规模，产品方案，原料、燃料、动力的用量和来源，工艺流程、主要设计标准和技术措施，主要设备选型及配置，图纸，主要建筑物、构筑物，公用、辅助设施，主要材料用量，配套建设项目，占地面积和场地利用情况，综合利用、"三废"治理、环境保护设施和评价，生活区建设，抗震和人防要求，生产组织和劳动定员，主要工程量及总概算，主要经济指标及分析，需要说明的有关问题等。

（二）年度计划

包括基本建设拨款计划、设备和主材（采购）储备贷款计划、工期组织配合计划等，是编制保证工程项目总进度要求的重要文件。

建设项目必须具有经过批准的初步设计和总概算，经资金、物资、设计、施工能力等综合平衡后，才能列入年度建设计划。经批准的年度建设计划是进行基本建设拨款或贷款的主要依据，应包括整个工程项目和年度的投资及进度计划。

（三）施工准备

施工准备是基本建设程序中的重要环节，是衔接基本建设和生产的桥梁。建设单位应根据建设项目或单项工程的技术特点，适时组成机构，做好以下几项工作：

1. 制定建设工程管理制度，落实管理人员；
2. 汇总拟采购设备、主材的技术资料；
3. 落实施工和生产物资的供货来源；
4. 落实施工环境的准备工作，如征地、拆迁、"三通一平"（水、电、路通和平整土地）等。

（四）施工图设计

施工图设计文件应根据批准的初步设计文件和主要设备订货合同进行编制，并绘制施工详图，标明房屋、建筑物、设备的结构尺寸，安装设备的配置关系和布线，施工工艺和提供设备、材料明细表，并编制施工图预算。

施工图设计文件一般由文字说明、图纸和预算三部分组成。各单项工程施工图设计说明应简要说明批准的初步设计方案的主要内容并对修改部分进行论述，注明有关批准文件的日期、文号及文件标题，提出详细的工程量表，测绘出完整的线路（建筑安装）施工图纸、设备安装施工图纸，包括建设项目的各部分工程的详图和零部件明细表等。它是初步设计（或技术设计）的完善和补充，是据以施工的依据。施工图设计的深度应满足设备、材料的定货，施工图预算的编制，设备安装工艺及其他施工技术要求等。施工图设计可不编制总体部分的综合文件。

（五）施工招标或委托

施工招标是建设单位将建设工程发包，鼓励施工企业投标竞争，从中评定出技术、管理水平高、信誉可靠且报价合理的中标企业。推行施工招标对于择优选择施工企业，确保工程质量和工期具有重要意义。

施工招标依照《中华人民共和国招标投标法》规定，可采用公开招标和邀请招标两种形式。

（六）开工报告

经施工招标，签订承包合同后，建设单位在落实了年度资金拨款、设备和主材的供货及工程管理组织后，于开工前一个月会同施工单位向主管部门提出开工报告。

在项目开工报批前，应由审计部门对项目的有关费用计取标准及资金渠道进行审计，然后方可正式开工。

（七）施工

通信建设项目的施工应由持有相关资质证书的单位承担。施工单位应按批准的施工图设计进行施工。

在施工过程中，对隐蔽工程在每一道工序完成后由建设单位委派的工地代表随工验收，如是采用监理的工程则由监理工程师履行此项职责。验收合格后才能进行下一道工序。

三、验收投产阶段

（一）初步验收

初步验收通常是指单项工程完工后，检验单项工程各项技术指标是否达到设计要求。初步验收一般是由施工企业完成施工承包合同工程量后，依据合同条款向建设单位申请项目完工验收，提出交工报告，由建设单位或由其委托监理公司组织相关设计、施工、维护、档案及质量管理等部门参加。

除小型建设项目外，其他所有新建、扩建、改建等基本建设项目以及属于基本建设性质的技术改造项目，都应在完成施工调测之后进行初步验收。初步验收的时间应在原定计划建设工期内进行。初步验收工作包括检查工程质量，审查交工资料，分析投资效益，对发现的问题提出处理意见，并组织相关责任单位落实解决。

（二）试运转

试运转由建设单位负责组织，供货厂商、设计、施工和维护部门参加，对设备、系统的性能、功能和各项技术指标以及设计和施工质量等进行全面考核。经过试运转，如发现有质量问题，由相关责任单位负责免费返修。在试运转期（3个月）内，网路和电路运行正常即可组织竣工验收的准备工作。

（三）竣工验收

竣工验收是工程建设过程的最后一个环节，是全面考核建设成果、检验设计和工程质量是否符合要求，审查投资使用是否合理的重要步骤。竣工验收对保证工程质量、促进建设项目及时投产、发挥投资效益、总结经验教训有重要作用。

竣工项目验收前，建设单位应向主管部门提出竣工验收报告，编制项目工程总决算（小型项目工程在竣工验收后的 1 个月内将决算报上级主管部门；大中型项目工程在竣工验收后的 3 个月内将决算报上级主管部门），并系统整理出相关技术资料（包括竣工图纸、测试资料、重大障碍和事故处理记录），清理所有财产和物资等，报上级主管部门审查。竣工项目经验收交接后，应迅速办理固定资产交付使用的转账手续（竣工验收后的 3 个月内应办理固定资产交付使用的转账手续），技术档案移交维护单位统一保管。

（四）项目后评价

项目后评价是工程项目实施阶段管理的延伸。工程项目竣工验收交付使用，只是工程建设完成的标志，而不是建设工程项目管理的终结。工程项目建设和运营是否达到投资决策时所确定的目标，只有经过生产经营或使用取得实际投资效果后，才能进行正确的判断；也只有在这时，才能对建设工程项目进行总结和评估，才能综合反映工程项目建设和工程项目管理各环节工作的成效和存在的问题，并为以后改进建设工程项目管理、提高建设项目管理水平、制定科学的工程项目建设计划提供依据。

项目后评价的基本方法是对比法。对比法就是将工程项目建成投产后所取得的实际效果、经济效益和社会效益、环境保护等情况与前期决策阶段的预测情况相对比，与项目建设前的情况相对比，从中发现问题，总结经验和教训。在实际工作中，往往从以下两个方面对建设工程项目进行后评价。

1. 效益后评价

项目效益后评价是项目后评价的重要组成部分。它以项目投产后实际取得的效益（经济、社会、环境等）及其隐含在其中的技术影响为基础，重新测算项目的各项经济数据，得到相关的投资效果指标，然后与项目前期评估时预测的有关经济效果值（如净现值、内部收益率、投资回收期等）、社会环境影响什进行对比，评价和分析其偏差情况以及原因，吸取经验教训，从而为提高项目的投资管理水平和投资决策服务。具体包括经济效益后评价、环境效益后评价和社会效益后评价、项目可持续性后评价及项目综合后评价。

2. 过程后评价

过程后评价是指对建设工程项目的立项决策、设计施工、竣工投产、生产运营等全过程进行系统分析，找出项目后评价与原预期效益之间的差异及其产生的原因。同时，针对问题提出解决办法。

以上两方面的评价有着密切的联系，必须全面理解和运用，才能对后评价项目做出客观、公正、科学的结论。

第四节　建设工程项目成本管理

　　建设工程项目成本管理是业主方与承包方的共同任务，本讲主要讨论承包方的成本管理，提出承包方成本管理方面的相关问题。

　　建设工程项目成本是指围绕工程项目建设全过程而发生的资源消耗的货币体现。对于承包方来讲，他的成本管理主要包括成本预测、成本计划、成本控制、成本核算、成本分析、成本考核等环节，每个环节之间存在相互联系和相互作用的关系。成本预测是成本计划的编制基础，成本计划是开展成本控制和核算的基础；成本控制能对成本计划的实施进行监督，保证成本计划的实现，而成本核算是成本计划是否实现的最后检查，它所提供的成本信息又是成本预测、成本计划、成本控制和成本考核等的依据；成本分析为成本考核提供依据，也为未来的成本预测与编制成本计划指明方向；成本考核是实现成本目标责任制的保证和手段。

　　建设工程项目成本管理流程如图 4-1 所示。

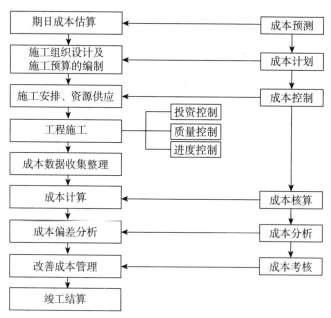

图 4-1　建设工程项目成本管理流程图

一、成本预测

　　项目成本预测是指成本管理人员依据已完成工程项目的历史数据，运用一定方法对工程项目未来的成本水平及其可能的发展趋势做出科学估计。成本预测的目的，一是为挖掘降低成本的潜力指明方向，作为计划期降低成本决策的参考；二是为企业内部各责任单位降低成本指明途径，作为编制增产节约计划和制定成本降低措施的依据。

项目成本预测是项目成本计划的依据。预测时，通常是对项目计划工期内影响成本的因素进行分析，比照近期已完成工程项目或将完工项目的成本（单位成本），预测这些因素对工程成本的影响程度，估算出工程的单位成本或总成本。

（一）定性预测

定性预测是指成本管理人员根据专业知识和实践经验，通过调查研究，利用已有资料，对成本费用的发展趋势及可能达到的水平所进行的分析和推断。由于定性预测主要依靠管理人员的素质和判断能力，因而这种方法必须建立在对项目成本费用的历史资料、现状及影响因素深刻了解的基础之上。这种方法简便易行，适合资料不多、难以进行定量预测的工程建设项目。通常采用座谈会法和函询调查法。

（二）定量预测

定量预测是利用历史成本费用统计资料以及成本费用与影响因素之间的数量关系，通过建立数学模型来推测、计算未来成本费用的可能结果。在成本费用预测中，常用的定量预测方法有加权平均法、回归分析法等。

二、成本计划

成本计划是在成本预测的基础上编制的，是对计划期内项目的成本水平所作的筹划，是对项目制定的成本管理目标。项目成本计划是以货币形式编制的项目在计划期内的生产费用、成本水平及为降低成本采取的主要措施和规划的具体方案。成本计划是目标成本的一种表达形式，是建立项目成本管理责任制、开展成本控制和核算的基础，是进行成本费用控制的主要依据。

项目计划成本应作为项目管理的目标成本。目标成本是实施项目成本控制和工程价款结算的基本依据。项目经理在接受企业法定代表人委托之后，应通过主持编制项目管理实施规划寻求降低成本的途径，组织编制施工预算，确定项目的计划目标成本。

（一）项目成本计划的内容

1．直接成本计划。主要反映项目直接成本的预算成本、计划降低额及计划降低率。主要包括项目的成本目标及核算原则、降低成本计划表或总控制方案、对成本计划估算过程的说明及对降低成本途径的分析等。

2．间接成本计划。主要反映项目间接成本的计划数及降低额，在计划制定中，成本项目应与会计核算中间接成本项目的内容一致。

3．除以上两项成本计划之外，项目成本计划还应包括项目经理对可控责任目标成本进行分解后形成的各个实施性计划成本，即各责任中心的责任成本计划。责任成本计划又包括年度、季度和月度责任成本计划。

（二）项目成本计划的编制方法

1．目标利润法。是指根据项目的合同价格扣除目标利润后得到目标成本的方法。在采用正确的投标策略和方法以最理想的合同价中标后，项目经理部从标价中减去预期利润、税金、应上缴的管理费等，之后的余额即为项目实施中所能支出的最大限额。

2．技术进步法。是以项目计划采取的技术组织措施和节约措施所能取得的经济效果为项目成本降低额，从而求得项目目标成本的方法。即：

项目目标成本 = 项目成本估算值 − 技术节约措施计划节约额（降低成本额）

3．按实计算法。是以项目的实际资源消耗测算为基础，根据所需资源的实际价格，详细计算各项活动或分项成本组成的目标成本。比如：

$$人工费 = \sum 各类人员计划用工量 \times 实际工资标准$$
$$材料费 = \sum 各类材料的计划用量 \times 实际材料基价$$
$$施工机械（仪表）使用费 = \sum 各类机械（仪表）的计划台班量 \times 实际台班单价$$

在此基础上，由项目经理部生产和财务管理人员结合施工技术和管理方案等测算措施费、项目经理部的管理费等，最后构成项目的目标成本。

4．定率估算法（历史资料法）。当项目非常庞大和复杂而需要分为几个部分时，可采用定率估算法。首先，将项目分为若干子项目，参照同类项目的历史数据，采用算术平均法计算子项目目标成本降低率和降低额，然后，再汇总整个项目的目标成本降低率、降低额。在确定子项目成本降低率时，可采用加权平均法或三点估算法。

三、成本控制

成本控制是指在项目实施过程中，对影响项目成本的各项要素，比如施工生产所耗费的人力、物力和各项费用开支，采取一定措施进行监督、调节和控制，及时预防、发现和纠正偏差，保证项目成本目标的实现。根据全过程成本管理的原则，成本控制应贯穿于项目建设的各个阶段，是项目成本管理的核心内容，也是项目成本管理中不确定因素最多、最复杂的管理内容。

（一）项目成本控制的主要环节

项目成本控制包括计划预控、过程控制和纠偏控制三个环节。

1. 项目成本的计划预控。是指应运用计划管理的手段事先做好各项建设活动的成本安排，使项目预期成本目标的实现建立在有充分技术和管理措施保障的基础上，为项目的技术与资源的合理配置和消耗控制提供依据。控制的重点是优化项目实施方案、合理配置资源和控制生产要素的采购价格。

2. 项目成本运行过程控制。是指控制实际成本的发生，包括实际采购费用发生过程的控制、劳动力和生产资料使用过程的消耗控制、质量成本及管理费用的支出控制。应充分发挥项目成本责任体系的约束和激励机制，提高项目成本运行过程的控制能力。

3. 项目成本的纠偏控制。是指在项目成本运行过程中，对各项成本进行动态跟踪核算，发现实际成本与目标成本产生偏差时，分析原因，采取有效措施予以纠偏。

（二）项目成本控制的方法

1. 项目成本分析表法。是指利用项目中的各种表格进行成本分析和控制的方法。应用成本分析表法可以清晰地进行成本比较研究。常见的成本分析表有月成本分析表、成本日报或周报表、月成本计算及最终预测报告表。

2. 工期—成本同步分析法。成本控制与进度控制之间有着必然的同步关系。因为成本是伴随着工程进展而发生的。如果成本与进度不对应，说明项目进展中出现虚亏（或盈）的不正常现象。

施工成本的实际开支与计划不相符，往往是由两个因素引起的：一是在某道工序上的成本开支超出计划；二是某道工序的施工进度与计划不符。因此，要想找出成本变化的真正原因，实施良好有效的成本控制措施，必须与进度计划的适时更新相结合。

3. 净值分析法。净值分析法是对工程项目成本、进度进行综合控制的一种分析方法。通过比较已完工程预算成本与已完工程实际成本之间的差值，可以分析由于实际价格的变化而引起的累计成本偏差；通过比较已完工程预算成本与拟完工程预算成本之间的差值，可以分析由于进度偏差而引起的累计成本偏差。并通过计算后续未完工程的计划成本余额，预测其尚需的成本数额，从而为后续工程施工的成本、进度控制及寻求降本挖潜途径指明方向。

四、成本核算

成本核算是指利用会计核算体系，对项目建设工程中所发生的各项费用进行归集，统计其实际发生额，并计算项目总成本和单位工程成本的管理工作。

（一）项目成本核算的对象和范围

项目成本核算应以项目经理责任成本目标为基本核算范围，以项目经理授权范围相对应的可控责任成本为核算对象，进行全过程分月跟踪核算。根据在建工程的当月形象进度，对已完实际成本按照分部分项工程进行归集，并与相应范围的计划成本进行比较，找出成本偏差的原因，并在后续工程中采取有效控制措施。项目经理部应在每月成本核算的基础上编制当月成本报告，作为项目施工月报的组成内容；提交企业主管领导、生产管理和财务部门审核备案。

（二）项目成本核算的方法

1. 表格核算法。是建立在内部各项成本核算基础上，由各要素部门和核算单位定期采集信息，按有关规定填制一系列的表格，完成数据比较、考核和简单的核算，形成项目施工成本核算体系，作为支撑项目施工成本核算的平台。表格核算法需要依靠众多部门和单位支持，专业性要求不高。其优点是比较简捷明了，直观易懂，易于操作，适时性较好。缺点是覆盖范围较窄，核算债权债务等比较困难；且较难实现科学严密的审核制度，有可能造成数据失实，精度较差。

2. 会计核算法。是指建立在会计核算基础上，利用会计核算所独有的借贷记账法和收支全面核算的综合特点，按项目施工成本内容和收支范围，组织项目施工成本的核算。不仅核算项目施工的直接成本，而且还要核算项目在施工生产过程中出现的债权债务、项目为施工生产而自购的工具、器具摊销、向业主的报量和收款、分包完成和分包付款等。其优点是核算严密、逻辑性强、人为调节的可能因素小、核算范围较大。但对核算人员的专业水平要求较高。

由于表格核算法具有便于操作和表格格式自由等特点，可以根据企业管理方式和要求设置各种表格，因而对项目内各岗位成本的责任核算比较实用。承包企业应在项目层面设置成本会计，进行项目施工成本核算，减少数据的传递，提高数据的及时性，便于与表格核算的数据接口，这将成为项目施工成本核算的发展趋势。

总的说来，用表格核算法进行项目施工各岗位成本的责任核算和控制，用会计核算法进行项目施工成本核算，两者互补，相得益彰，确保项目施工成本核算工作的开展。

五、成本分析

成本分析是利用核算及其它有关资料，对成本水平与构成的变动情况，系统研究影响成本升降的各因素及其变动的原因，寻找降低成本的途径的分析。它是成本管理工作的一个重要环节。通过成本分析，有利于正确认识、掌握和运用成本变动的规律，实现降低成本的目标；有助于进行成本控制，正确评价成本计划完成情况，还可为制订成本计划、经营决策提供重要依据，指明成本管理工作的努力方向。

在进行成本分析中可供选择的技术方法（也称数量分析方法）很多，企业应根据分析的目的，分析对象的特点，掌握的资料等情况确定应采用哪种方法进行成本分析。在实际工作中，通常采用的技术分析方法有对比分析法、因素分析法、连锁替代法和相关分析法等四种。

（一）对比分析法

对比分析法是根据实际成本指标与不同时期的指标进行对比，来揭示差异，分析差异产生原因的一种方法。在对比分析中，可采取实际指标与计划指标对比，本期实际与上期（或上年同期，历史最好水平）实际指标对比，本期实际指标与国内外同类型企业的先进指标对比等形式。通过对比分析，可一般地了解企业成本的升降情况及其发展趋势，查明原因，找出差距，提出进一步改进的措施。在采用对比分析时，应注意本期实际指标与对比指标的可比性，以使比较的结果更能说明问题，揭示的差异才能符合实际。若不可比，则可能使分析的结果不准确，甚至可能得出与实际情况完全不同的相反的结论。在采用对比分析法时，可采取绝对数对比，增减差额对比或相对数对比等多种形式。

比较分析法按比较内容（比什么）分为比较会计要素的总量、比较结构百分比、比较财务比率。

（二）因素分析法

因素分析法是将某一综合性指标分解为各个相互关联的因素，通过测定这些因素对综合性指标差异额的影响程度的一种分析方法。在成本分析中采用因素分析法，就是将构成成本的各种因素进行分解，测定各个因素变动对成本计划完成情况的影响程度，并据此对企业的成本计划执行情况进行评价，并提出进一步的改进措施。

采用因素分析法的分析程序：

1. 将要分析的某项经济指标分解为若干个因素的乘积。在分解时应注意经济指标的组成因素应能够反映形成该项指标差异的内在构成原因，否则，计算的结果就不准确。如材料费用指标可分解单位消耗量与单价的乘积。但它不能分解为施工生产的天数，每天用料量与施工生产量的乘积。因为这种构成方式不能全面反映产品材料费用的构成情况。

2. 计算经济指标的实际数与基期数（如计划数，上期数等），从而形成了两个指标体系。这两个指标的差额，即实际指标减基期指标的差额，就是所要分析的对象。各因素变动对所要分析的经济指标完成情况影响合计数，应与该分析对象相等。

3. 确定各因素的替代顺序。在确定经济指标因素的组成时，其先后顺序就是分析时的替代顺序。在确定替代顺序时，应从各个因素相互依存的关系出发，使分析的结果有助于分清经济责任。替代的顺序一般是先替代数量指标，后替代质量指标；先替代实物量指标，后替代货币量指标；先替代主要指标，后替代次要指标。

4. 计算替代指标。其方法是以基期数为基础，用实际指标体系中的各个因素，逐步顺序地替换。每次用实际数替换基数指标中的一个因素，就可以计算出一个指标。每次替换后，实际数保留下来，有几个因素就替换几次，就可以得出几个指标。在替换时要注意替换顺序，应采取连环的方式，不能间断，否则，计算出来的各因素的影响程度之和，就不能与经济指标实际数与基期数的差异额（即分析对象）相等。

5. 计算各因素变动对经济指标的影响程度。其方法是将每次替代所得到的结果与这一因素替代前的结果进行比较，其差额就是这一因素变动对经济指标的影响程度。

6. 将各因素变动对经济指标影响程度的数额相加，应与该项经济指标实际数与基期数的差额（即分析对象）相等。

（三）连锁替代法

连锁替代法也称连锁置换法、连环替代法。它是确定引起某经济指标变动的各个因素影响程度的一种计算方法。

适用范围是在几个相互联系的因素共同影响着某一指标的情况下，可应用这一方法来计算各个因素对经济指标发生变动的影响程度。

计算方法为：

1．在计算某一因素对一个经济指标的影响时，假定只有这个因素在变动而其它因素不变；

2．确定各个因素替代顺序，然后按照这一顺序替代计算；

3．把这个指标与该因素替代前的指标相比较，确定该因素变动所造成的影响。

（四）相关分析法

相关分析法是指在分析某个指标时，将与该指标相关但又不同的指标加以对比，分析其相互关系的一种方法。企业的经济指标之间存在着相互联系的依存关系，在这些指标体系中，一个指标发生了变化，受其影响的相关指标也会发生变化。如将利润指标与施工生产量成本相比较，计算出成本利润率指标，可以分析企业成本收益水平的高低。再如，施工生产量的变化，会引起成本随之发生相应的变化，利用相关分析法找出相关指标之间规律性的联系，从而为施工成本管理服务。

1．差额计算法

差额计算法是因素分析法的一种简化形式，它利用各个因素的目标值与实际值的差额来计算其对成本的影响程度。

例：某单位工程计划工时 15 小时，实际 11.84 小时．人工费单价 11 元，实际 12.5 元．计划直接人工费用 165 元，实际 148 元。

要求：计算直接人工费用变动的总差异，并采用差额计算法分析各因素变动对总差异的影响程度。

计算：

工时降低对人工费的影响程度：（11.84-15）×11=-34.76 元

每小时工资增加对人工分的影响程度：（12.5-11）×11.84=17.76 元

二者相加：-34.76+17.76=17 元。

计算结果与 165-148=17 一致。

2．比率法

比率法是指用两个以上的指标的比例进行分析的方法。它的基本特点是：先把对比分析的数值变成相对数，再观察其相互之间的关系。常用的比率法有以下几种。

（1）相关比率法由于项目生产活动的各个方面是相互联系，相互依存，又相互影响的，因而可以将两个性质不同而又相关的指标加以对比，求出比率，并以此来考察经营成果的好坏。例如：施工产值和工资是两个不同的概念，但它们的关系又是投入与产出的关系。在一般情况下，都希望以最少的工资支出完成最大的施工产值。因此，用施工产值工资率指标来考核人工费的支出水平，就很能说明问题。

（2）构成比率法又称比重分析法或结构对比分析法。通过构成比率，可以考察成本总量的构成情况及各成本项目占成本总量的比重，同时也可看出量、本、利的比例关系（即预算成本、实际成本和降低成本的比例关系），从而为寻求降低成本的途径指明方向。

（3）动态比率法动态比率法，就是将同类指标不同时期的数值进行对比，求出比率，以分析该项指标的发展方向和发展速度。动态比率的计算，通常采用基期指数和环比指数两种方法。

六、成本考核

成本考核是在工程项目建设的过程中或项目完成后，定期对项目形成过程中的各级单位成本管理的成绩或失误进行总结与评价。通过成本考核，给予责任者相应的奖励或惩罚。承包企业应建立和健全项目成本考核制度，作为项目成本管理责任体系的组成部分。应明确规定考核的目的、时间、范围、对象、方式、依据、指标、组织领导以及结论与奖惩原则等。

（一）项目成本考核的内容

项目成本的考核，包括企业对项目成本的考核和企业对项目经理部可控责任成本的考核。企业对项目成本的考核包括对项目设计成本和施工成本目标（降低额）完成情况的考核和成本管理工作业绩的考核。

企业对项目经理部可控责任成本的考核包括：

1. 项目成本目标和阶段成本目标完成情况；

2. 建立以项目经理为核心的成本管理责任制的落实情况；

3. 成本计划的编制和落实情况；

4. 对各部门、各施工队和班组责任成本的检查和考核情况；

5. 在成本管理中贯彻责权利相结合原则的执行情况。

除此之外，为层层落实项目成本管理工作，项目经理对所属各部门、各施工队和班组也要进行成本考核。主要考核其责任成本的完成情况。

（二）项目成本考核指标

1. 企业的项目成本考核指标包括：

（1）设计成本降低额和降低率；

（2）施工成本降低额和降低率。

2．项目经理部可控责任成本考核指标包括：

（1）项目经理责任目标总成本降低额和降低率；

（2）施工责任目标成本实际降低额和降低率；

（3）施工计划成本实际降低额和降低率。

承包企业应充分利用项目成本核算资料和报表，由企业财务审计部门对项目经理部的成本和效益进行全面审核。在此基础上，做好项目成本效益的考核与评价，并按照项目经理部的绩效，落实成本管理责任制的激励措施。

第五节 建设工程项目风险管理

建设工程项目风险是指在项目决策和实施过程中，造成实际结果与预期目标的差异性及其发生的概率。项目风险的差异性包括损失的不确定性和收益的不确定性。这里的工程风险是指损失的不确定性。工程项目风险管理是工程项目造价管理的重要内容。

一、风险分类

（一）按照风险来源进行划分

1．自然风险。如地震，风暴，异常恶劣的雨、雪、冰冻天气等；未能预测到的特殊地质条件，如泥石流、河塘等；恶劣的施工现场条件等。

2．社会风险。包括宗教信仰的影响和冲击、社会治安的稳定性、社会的禁忌、劳动者的文化素质、社会风气等。

3．经济风险。包括国家经济政策的变化，产业结构的调整，银根紧缩；项目的产品市场变化；工程承包市场、材料供应市场、劳动力市场的变动；工资的提高、物价上涨、通货膨胀速度加快；金融风险、外汇汇率的变化等。

4．法律风险。如法律不健全，有法不依、执法不严，相关法律内容发生变化；可能对相关法律未能全面、正确理解；环境保护法规的限制等。

5．政治风险。通常表现为政局的不稳定性，战争、动乱、政变的可能性，国家的对外关系，政府信用和政府廉洁程度，政策及政策的稳定性，经济的开放程度，国有化的可能性、国内的民族矛盾、保护主义倾向等。

（二）按照风险涉及的当事人划分

1．业主的风险

（1）人为风险。包括管理体制、法规不健全，资金筹措不力，不可预见事件，合同条款不严谨，承包商缺乏合作诚意以及履约不力或违约，材料供应商履约不力或违约，设计有错误，监理工程师失职等。

（2）经济风险。包括宏观经济形势不利，投资环境恶劣，通货膨胀幅度过大，投资回收期长，基础设施落后，资金筹措困难等。

（3）自然风险。主要是指恶劣的自然条件，恶劣的气候与环境，恶劣的现场条件以及不利的地理环境等。

2．承包商的风险

（1）决策错误风险。主要包括信息取舍失误或信息失真风险、保标与买标风险、报价失误风险等。

（2）缔约和履约风险。在缔约时，合同条款中存在不平等条款、合同中的定义不准确、合同条款有遗漏；在合同履行过程中，协调工作不利，管理手段落后，既缺乏索赔技巧，又不善于运用价格调值办法。

（3）责任风险。主要包括职业责任风险、法律责任风险、替代责任风险。

（三）按风险可否管理划分

1．可管理风险。是指用人的智慧、知识等可以预测、可以控制的风险。

2．不可管理风险。是指用人的智慧、知识等无法预测和无法控制的风险。

风险可否管理不仅取决于风险自身的特点，还取决于所收集资料的多少和掌握管理技术的水平。

（一）按风险影响范围划分

1．局部风险。是指由于某个特定因素导致的风险，其损失的影响范围较小。

2．总体风险。总体风险影响的范围大，其风险因素往往无法加以控制，如经济、政治等因素。

二、风险管理程序

（一）风险识别

风险识别是风险管理中的首要步骤，是指通过一定的方式，系统而全面地识别影响项目目标实现的风险事件并加以适当归类，并记录每个风险因素所具有的特点的过程。必要时，还需对风险事件的后果进行定性估计。

项目风险识别方法包括：专家调查法、财务报表法、初始风险清单法、流程图法等。项目风险识别的最主要成果是风险清单。风险清单是记录和控制风险管理过程的一种方法，并且在做出决策时具有不可替代的作用。

（二）风险分析与评估

风险分析与评估是将项目风险事件发生的可能性和损失后果进行定量化的过程。风险分析与风险评估的结果主要在于确定各种风险事故发生的频率及其对其项目目标严重的影响程度，具体包括：确定单一风险因素发生的频率；分析单一风险因素的影响范围大小；分析各个风险因素的发生时间；分析各个风险因素的风险结果，探索这些风险因素对项目目标的影响程度；在单一风险因素量化分析的基础上，考虑多种风险因素对项目目标的综合影响、评估风险的程度并提出可能的措施作为管理决策的依据。

风险分析与评估往往采取定性与定量相结合的方法，这两者之间并不是相互排斥的，而是相互补充的。目前，常用的项目风险分析与评估方法主要有调查打分法、蒙特卡洛模拟法、计划评审技术法和敏感性分析法等。

（三）风险应对策略的决策

风险应对策略的决策是确定项目风险事故最佳对策组合的过程，一般来说，风险管理中所运用的对策有以下四种风险，风险回避，风险自留、风险控制和风险转移。这些风险对策的适用对象各不相同，需要根据风险评估的结果，对不同的风险事故选择最适宜的风险对策，从而形成最佳的风险对策组合。

（四）风险对策的实施

对风险应对策略所做出的决策还需要进一步落实到具体的计划和措施。例如，在决定进行风险控制时，要制定预防计划，灾难计划，应急计划等；在决定购买工程保险时，要选择保险公司，确定恰当的保险险种、保险范围、免赔额、保险费等。这些都是实施风险对策决策的重要内容。

（五）风险对策实时的监控

在项目实施过程中，要不断地跟踪检查各种风险应对策略的执行情况，并评价各项风险对策的执行效果。当项目实施条件发生变化时，要确定是否需要提出不同的风险应对策略。因为随着项目的不断进展和相关措施的实施，影响项目目标实施的各种因素都在发生变化，只有适时地对风险对策实施进行监控、才能发现新的风险因素，并及时对风险管理计划和措施进行修改和完善。

三、风险应对策略

建设工程项目风险的应对策略包括风险回避、风险自留、风险控制、风险转移。

（一）风险回避

风险回避是指在完成项目风险分析与评价后，如果发现项目风险发生的概率很高，而且可能的损失也很大，又没有其他有效的对策来降低风险时，应采取放弃项目、放弃原有计划或改变目标等方法，使其不发生或不再发展，从而避免可能产生的潜在损失。例如，某项目的可能性研究报告表明，虽然从净现值、内部收益率指标看是可行的，但敏感性分析的结果是对投资投资额、产生价格、经营成本均很敏感，这意味着该项目的风险很大，因而决定不投资建造该工程。在面对灾难性风险时，采取回避风险的方式处置风险是比较有效的。但是在有时，放弃承担风险就意味着可能放弃某些机会。因此，某些情况下的风险回避是一种消极的风险处理方式。

通常，当遇到下列情形时，应考虑风险回避的策略：

（1）风险事件发生概率很大且后果损失也很大的项目；

（2）发生损失的概率并不大，但当风险事件发生后产生的损失是灾难性的、无法弥补的。

（二）风险自留

风险自留是指项目风险保留在风险管理主体内部，通过采取内部管制措施等来化解风险或者对这些保留下来的项目风险不采取任何措施。风险自留与其他风险对策的根本区别在于：它不改变项目风险的客观性质，即既不改变项目风险的发生概率，也不改变项目风险潜在损失的严重性。

风险自留可分为非计划性风险自留和计划性风险自留两种。

（1）非计划性风险自留。由于风险管理人员没有意识到项目某些风险的存在，或者不曾有意识地采取有效措施，以致风险发生后只好保留在风险管理主体内部。这样的风险自留就是非计划性的和被动性的。导致非计划性风险自留的主要原因有：缺乏风险意识、风险识别失误、风险分析与评价失误、风险决策延误、风险决策实施延误等。

（2）计划性风险自留。计划性风险自留是主动的、有意识的、有计划的选择，是风险管理人员在经过正确的风险识别和风险评价后制定的风险应对策略。风险自留绝不可能单独运用，而应与其他风险对策结合使用。

（三）风险控制

风险控制是一种主动的、积极的风险对策。风险控制工作可分为预防损失和减少损失两个方面。预防损失措施的主要作用在于降低或者消除（通常只能做到降低）损失发生的概率，而减少损失措施的作用在于降低损失的严重性或者遏制损失的进一步发展，使损失最小化。一般来说，风险控制方案都应当是预防损失措施和减少损失措施的有机结合。

（四）风险转移

当有些风险无法回避、必须直接面对，而以自身的承受能力又无法有效地承担时，风险转移就是一种十分有效的选择。适当、合理的风险转移是合法的、正当的，是一种高水平管理的体现。风险转移主要包括非保险转移和保险转移两大类。

（1）非保险转移。因为这种风险转移一般是通过签订合同的方式将项目风险转移给非保险人的对方当事人。项目风险最常见的非保险转移有三种情况，即：业主将合同责任和风险转移给对方当事人；承包商进行项目分包；第三方担保，如业主付款担保、承包商履约担保、预付款担保、分包商付款担保、工资支付担保等。

（2）保险转移。保险转移通常直接称为工程保险。通过购买保险，业主或者承包商作为投保人将本应由自己承担的项目风险（包括第三方责任）转移给保险公司，从而使自己免受风险损失。

需要说明的是，保险并不能转移工程项目的所有风险，一方面是因为存在不可保风险，另一方面则是因为有些风险不宜保险。因此，对于工程项目风险，应将保险转移与风险回避、损失控制和风险自留结合起来运用。

第二章　工程造价构成

第一节　建设项目工程造价的构成

建设项目总投资的概念存在不同的解释，在此，建设项目总投资是指项目建设期用于项目的建设投资、建设期贷款利息和流动资金的总和。我们把建设投资、建设期贷款利息的总和称为建设项目工程造价。

信息通信建设项目工程造价由各单项工程造价组成，各单项工程造价构成如图 6-1 所示。

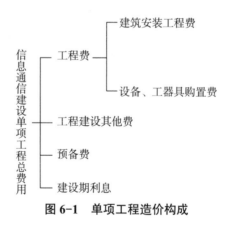

图 6-1　单项工程造价构成

第二节　建筑安装工程费的构成

一、从商品价格的角度认识建筑安装工程费

建筑安装工程费，亦称建筑安装产品价格。它是建筑安装产品价值的货币表现。在建筑市场，建筑安装企业所生产的产品作为商品既有使用价值也

有价值。和一般商品一样，它的价值是由 C+V+m 构成。所不同的只是由于这种商品所具有的技术经济特点，使它的交易方式、计价方法、价格的构成因素，以至付款方式都存在许多特点。

建筑安装工程费是比较典型的生产领域价格。从投资的角度看，它是建设项目投资中的建筑安装工程投资，也是项目造价的组成部分。但这一点并不妨碍建筑业在国民经济中的支柱产业地位，也不影响建筑安装企业作为独立的商品生产者所承担的市场主体角色。在这里，投资者和承包商之间是完全平等的买者与卖者之间的商品交换关系，建筑安装工程实际费用是他们双方共同认可的由市场形成的价格。

二、从建设费用组成的角度认识建筑安装工程费

我国现行信息通信行业建筑安装工程费由直接费、间接费、利润和销项税额组成，其中直接费又由直接工程费和措施项目费构成。具体构成如图 2-2 所示。

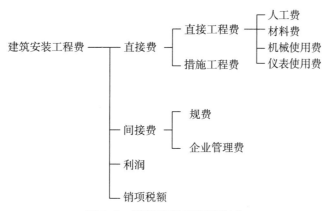

图 2-2 建筑安装工程费构成

其中直接工程费由一个或若干个单位工程费构成，单位工程费由一个或若干个分部工程费构成，分部项目费由一个或若干个分项工程费构成，分项工程费由一个或若干个定额子目构成。

三、直接工程费

指施工过程中耗用的构成工程实体和有助于工程实体形成的各项费用，包括人工费、材料费、机械使用费、仪表使用费。

（一）人工费

指直接从事建筑安装工程施工的生产人员开支的各项费用，内容包括：

1．基本工资：指发放给生产人员的岗位工资和技能工资。

2．工资性补贴：指规定标准的物价补贴，煤、燃气补贴，交通费补贴，住房补贴，流动施工津贴等。

3．辅助工资：指生产人员年平均有效施工天数以外非作业天数的工资，包括职工学习、培训期间的工资，调动工作、探亲、休假期间的工资，因气候影响的停工工资，女工哺乳期间的工资，病假在 6 个月以内的工资及产、婚、丧假期的工资。

4．职工福利费：指按规定标准计提的职工福利费。

5．劳动保护费：指规定标准的劳动保护用品的购置费及修理费、徒工服装补贴、防暑降温等保健费用。

人工费计算规则为：

$$人工费 = 技工费 + 普工费。$$
$$技工费 = 技工单价 \times 概、预算技工总工日。$$
$$普工费 = 普工单价 \times 概、预算普工总工日。$$

（二）材料费

指施工过程中实体消耗的原材料、辅助材料、构配件、零件、半成品的费用和周转使用材料的摊销，以及采购材料所发生的费用总和，内容包括：

1．材料原价：指供应价或供货地点价；

2．材料运杂费：指材料自来源地运至工地仓库（或指定堆放地点）所发生的费用；

3．运输保险费：指材料（或器材）自来源地运至工地仓库（或指定堆放地点）所发生的保险费用；

4．采购及保管费：指为组织材料采购及材料保管过程中所需要的各项费用；

5．采购代理服务费：指委托中介采购代理服务的费用；

6．辅助材料费：指对施工生产起辅助作用的材料。

材料费计算规则为：

$$材料费 = 主要材料费 + 辅助材料费；$$

主要材料费 = 材料原价 + 运杂费 + 运输保险费 + 采购及保管费 + 采购代理服务费。

关于材料费计算规则的有关问题说明如下：

1．运杂费 = 材料原价 × 器材运杂费费率；

2．运输保险费 = 材料原价 × 保险费率；

3．采购及保管费 = 材料原价 × 采购及保管费费率；

4．采购代理服务费按实计列；

5．凡由建设单位提供的利旧材料，其材料费不计入工程成本；

6．辅助材料费 = 主要材料费 × 辅助材料费费率。

（三）机械使用费

指施工机械作业所发生的机械使用费以及机械安拆费，内容包括：

1．折旧费：指施工机械在规定的使用年限内，陆续收回其原值及购置资金的时间价值；

2．大修理费：指施工机械按规定的大修理间隔台班进行必要的大修理，以恢复其正常功能所需的费用；

3．经常修理费：指施工机械除大修理以外的各级保养和临时故障排除所需的费用，包括为保障机械正常运转所需替换设备与随机配备工具和附具的摊销、维护费用，机械运转中日常保养所需润滑与擦拭的材料费用及机械停滞期间的维护和保养费用等；

4．安拆费：指施工机械在现场进行安装与拆卸所需的人工、材料、机械和试运转费用以及机械辅助设施的折旧、搭设、拆除等费用；

5．人工费：指机上操作人员和其他操作人员在工作台班定额内的人工费；

6．燃料动力费：指施工机械在运转作业中所消耗的固体燃料（煤、木柴）、液体燃料（汽油、柴油）及水、电等；

7．养路费及车船使用税：指施工机械按照国家规定和有关部门规定应缴纳的养路费、车船使用税、保险费及年检费等。

机械使用费计算规则为：

机械使用费 = 机械台班单价 × 概算、预算机械台班量；

概算、预算机械台班量 = 机械定额台班量 × 工程量。

（四）仪表使用费

指施工作业所发生的属于固定资产的仪表使用费，内容包括：

1．折旧费：指施工仪表在规定的年限内，陆续收回其原值及购置资金的时间价值；

2．经常修理费：指施工仪表的各级保养和临时故障排除所需的费用，包括为保证仪表正常使用所需备件（备品）的摊销和维护费用；

3. 年检费：指施工仪表在使用寿命期间定期标定与年检费用；

4. 人工费：指施工仪表操作人员在工作台班定额内的人工费。

仪表使用费计算规则为：

$$仪表使用费 = 仪表台班单价 \times 概算、预算仪表台班量；$$

$$概算、预算仪表台班量 = 仪表定额台班量 \times 工程量。$$

四、措施项目费

指为完成工程项目施工，发生于该工程前和施工过程中非工程实体项目的费用，内容包括以下几项。

1. 文明施工费：指施工现场文明施工所需要的各项费用。

2. 工地器材搬运费：指由工地仓库（或指定地点）至施工现场转运器材而发生的费用。

3. 工程干扰费：通信工程由于受市政管理、交通管制、人流密集、输配电设施等影响工效的补偿费用。

4. 工程点交、场地清理费：指按规定编制竣工图及资料、工程点交、施工场地清理等发生的费用。

5. 临时设施费：指施工企业为进行工程施工所必须设置的生活和生产用的临时建筑物、构筑物和其他临时设施费用等，内容包括临时设施的租用或搭设、维修、拆除费或摊销费。

6. 工程车辆使用费：指工程施工中接送施工人员、生活用车等（含过路、过桥）费用，包括生活用车、接送工人用车和其他零星用车，不含直接生产用车。直接生产用车包括在机械使用费和工地器材搬运费中。

7. 夜间施工增加费：指因夜间施工所发生的夜间补助费、夜间施工降效、夜间施工照明设备摊销及照明用电等费用。

8. 冬雨季施工增加费：指在冬雨季施工时所采取的防冻、保温、防雨等安全措施及工效降低所增加的费用。

9. 生产工具用具使用费：指施工所需的不属于固定资产的工具用具等的购置、摊销、维修费。

10. 施工用水电蒸汽费：指施工生产过程中使用水、电、蒸汽所发生的费用。

11. 特殊地区施工增加费：指在原始森林地区、海拔 2000m 以上高原地区、化工区、核污染区、沙漠地区、山区无人值守站等特殊地区施工所需增加的费用。

12. 已完工程及设备保护费：指竣工验收前，对已完工程及设备进行保护所需的费用。

13. 运土费：指直埋光（电）缆工程、管道工程施工，需从远离施工地点取土及必须向外倒运出土方所发生的费用。

14. 施工队伍调遣费：指因建设工程的需要，应支付施工队伍的调遣费用，内容包括调遣人员的差旅费、调遣期间的工资、施工工具与用具等的运费。

15. 大型施工机械调遣费：指大型施工机械调遣所发生的运输费用。所谓大型机械是指光缆接续车、光（电）缆拖车、水下光（电）缆沟挖冲机、液压顶管机、微管微缆气吹设备、气流敷设吹缆设备、微控钻孔敷管设备。

五、间接费

间接费由规费、企业管理费构成。

（一）规费

指政府和有关部门规定必须缴纳的费用，包括：

1. 工程排污费：指施工现场按规定缴纳的工程排污费。

2. 社会保险费。内容包括：

（1）养老保险费：指企业按规定标准为职工缴纳的基本养老保险费；

（2）失业保险费：指企业按照国家规定标准为职工缴纳的失业保险费；

（3）医疗保险费：指企业按照规定标准为职工缴纳的基本医疗保险费。

（4）生育保险费：是指企业按照规定标准为职工缴纳的生育保险费。

（5）工伤保险费：是指企业按照规定标准为职工缴纳的工伤保险费。

3. 住房公积金：指企业按照规定标准为职工缴纳的住房公积金。

4. 危险作业意外伤害保险：指企业为从事危险作业的建筑安装施工人员支付的意外伤害保险费。

（二）企业管理费

指施工企业组织施工生产和经营管理所需费用，内容包括：

1. 管理人员工资：指管理人员的基本工资、工资性补贴、职工福利费、劳动保护费等。

2. 办公费：指企业管理办公用的文具、纸张、账表、印刷、邮电、书报、会议、水电、烧水和集体取暖（包括现场临时宿舍取暖）用煤等费用。

3. 差旅交通费：指职工因公出差、调动工作的差旅费，住勤补助费，市内交通费和误餐补助费，职工探亲路费，劳动力招募费，职工离退休、退职一次性路费，工伤人员就医路费，工地转移费以及管理部门使用的交通工具的油料、燃料、养路费及牌照费。

4. 固定资产使用费：指管理和试验部门及附属生产单位使用的属于固定资产的房屋、设备仪器等的折旧、大修、维修或租赁费。

5. 工具用具使用费：指管理使用的不属于固定资产的生产工具、器具、家具、交通工具和检验、测绘、消防用具等的购置、维修和摊销费。

6. 劳动保险费：指由企业支付离退休职工的异地安家补助费、职工退职金，6 个月以上的病假人员工资，职工死亡丧葬补助费、抚恤金，按规定支付给离退休干部的各项经费。

7. 工会经费：指企业按职工工资总额计提的工会经费。

8. 职工教育经费：指企业为职工学习先进技术和提高文化水平，按职工工资总额计提的费用。

9. 财产保险费：指施工管理用财产、车辆保险等的费用。

10. 财务费：是指企业为施工生产筹集资金或提供预付款担保、履约担保、职工工资支付担保等所发生的各种费用。

11. 税金：指企业按规定缴纳的城市维护建设税、教育费附加税、地方教育费附加税、房产税、车船使用税、土地使用税、印花税等。

12 其他：包括技术转让费、技术开发费、投标费、业务招待费、绿化费、广告费、公证费、法律顾问费、审计费、咨询费等。

六、利润和销项税额

（一）利润

指施工企业完成所承包工程获得的盈利。

（二）销项税额

指按国家税法规定应计入建筑安装工程造价的增值税销项税额。在此注意，通信线路工程计算时应将光缆、电缆的预算价从直接工程费中核减。

第三节　设备、工器具购置费的构成

一、设备和材料的界定

根据建设工程计价设备材料划分标准（GB/T50531-2009），凡非现场制作或部分非现场制作而进行现场组装的应界定为设备，采购定型产品现场制作的可界定为材料。

依据财税【2003】16 号《财政部国家税务总局关于营业税若干政策问题的通知》中第（十三）条规定：通信线路工程和输送管道工程所使用的电缆、光缆和构成管道工程主体的防腐管段、管件（弯头、三通、冷弯管、绝缘接头）、清管器、收发球筒、机泵、加热炉、金属容器等物品均属于设备，其价值不包括在工程的计税营业额中。其他建筑安装工程的计税营业额也不包括设备价值，具体设备名单可由省级地方税务机关根据各自实际情况列举。

对于信息通信建设工程来讲，目前工信部通信【2016】451 号文件仍然将光缆等物品划归材料。这样一来，对工程造价最直接的影响是除过税金之外，安全生产费的计算就是一个突出的问题。

二、设备、工器具购置费构成

设备、工器具购置费是指根据设计提出的设备（包括必须的备品备件）、仪表、工器具清单，按其原价、运杂费、采购及保管费、运输保险费和采购代理服务费计算的费用。

在信息通信建设工程造价中，一般将设备、工器具购置费分为需要安装设备购置费和不需要安装设备、工器具购置费两类，并分别计算其费用。两类费用的计算规则均为：

设备、工器具购置费＝设备原价＋运杂费＋运输保险费＋采购及保管费＋采购代理服务费。

上式中：

1. 设备原价：指供应价或供货地点价［设备、工器具原价指国产设备制造厂的供货地点价，进口设备的到岸价（包括货价、国际运费、运输保险费）］；

2. 运杂费＝设备原价 × 设备运杂费费率；

3. 运输保险费＝设备原价 × 保险费费率；

4. 采购及保管费＝设备原价 × 采购及保管费费率；

5. 采购代理服务费按实际发生计取。

引进设备（材料）的关税、增值税、外贸手续费、银行财务费、引进设备（材料）国内检验费、海关监管手续费等按引进设备的到岸价计算后计入相应的设备材料费中。

第四节 工程建设其他费的构成

工程建设其他费指应在建设项目的建设投资中开支的固定资产费用、无形资产费用和其他资产费用。

一、固定资产费用

（一）项目建设管理费

指项目建设单位从项目筹建之日起至办理竣工财务决算之日止发生的管理性质的支出，包括：不在原单位发工资的工作人员工资及相关费用、办公费、办公场地租用费、差旅交通费、劳动保护费、工具用具使用费、固定资产使用费、招募生产工人费、技术图书资料费（含软件）、业务招待费、施工现场津贴、竣工验收费和其他管理性质开支。

实行代建制管理的项目，代建管理费按照不高于项目建设管理费标准核定。一般不得同时列支代建管理费和项目建设管理费，确需同时发生的，两项费用之和不得高于项目建设管理费限额。

（二）可行性研究费

指在建设项目前期工作中，编制和评估项目建议书（或预可行性研究报告）、可行性研究报告所需的费用。

（三）研究试验费

指为本建设项目提供或验证设计数据、资料等进行必要的研究试验及按照设计规定在建设过程中必须进行试验、验证所需的费用。

（四）勘察设计费

指委托勘察设计单位进行工程水文地质勘察、工程设计所发生的各项费用，包括工程勘察费、初步设计费、施工图设计费。

（五）环境影响评价费

指按照《中华人民共和国环境保护法》、《中华人民共和国环境影响评价法》等规定，为全面、详细评价本建设项目对环境可能产生的污染或造成的重大影响所需的费用，包括编制环境影响报告书（含大纲）、环境影响报告表和评估环境影响报告书（含大纲）、评估环境影响报告表等所需的费用。

（六）建设工程监理费

指建设单位委托工程监理单位实施工程监理的费用。

（七）安全生产费

指施工企业按照国家有关规定和建筑施工安全标准，购置施工防护用具、落实安全施工措施以及改善安全生产条件所需要的各项费用。

（八）引进技术和引进设备其他费

引进技术和引进设备其他费的内容包括：

1. 引进项目图纸资料翻译复制费、备品备件测绘费。

2. 出国人员费用：包括买方人员出国设计联络、出国考察、联合设计、监造、培训等所发生的差旅费、生活费、制装费等。

3. 来华人员费用：包括卖方来华工程技术人员的现场办公费用、往返现场交通费用、工资、食宿费用、接待费用等。

4. 银行担保及承诺费：指引进项目由国内外金融机构出面承担风险和责任担保所发生的费用，以及支付贷款机构的承诺费。

（九）工程保险费

指建设项目在建设期间根据需要对建筑工程、安装工程及机器设备进行投保而发生的保险费用。包括建筑安装工程一切险、引进设备财产和人身意外伤害险等。

（十）工程招标代理费

指招标人委托代理机构编制招标文件、编制标底、审查投标人资格、组织投标人踏勘现场并答疑，组织开标、评标、定标，以及提供招标前期咨询、协调合同的签订等业务所收取的费用。

二、无形资产费用

（一）建设用地及综合赔补费

指按照《中华人民共和国土地管理法》等规定，建设项目征用土地或租用土地应支付的费用。内容包括：

1. 土地征用及迁移补偿费：经营性建设项目通过出让方式购置的土地使用权（或建设项目通过划拨方式取得无限期的土地使用权）而支付的土地补偿费、安置补偿费、地上附着物和青苗补偿费、余物迁建补偿费、土地登记管理费等；行政事业单位的建设项目通过出让方式取得土地使用权而支付的出让金；建设单位在建设过程中发生的土地复垦费用和土地损失补偿费用；建设期间临时占地补偿费。

2．征用耕地按规定一次性缴纳的耕地占用税；征用城镇土地在建设期间按规定每年缴纳的城镇土地使用税；征用城市郊区菜地按规定缴纳的新菜地开发建设基金。

3．建设单位租用建设项目土地使用权而支付的租地费用。

4．建设单位因建设项目期间租用建筑设施、场地费用；以及因项目施工造成所在地企事业单位或居民的生产、生活干扰而支付的补偿费用。

（二）专利及专用技术使用费

专利及专用技术使用费的内容包括：

1．国外设计及技术资料费、引进有效专利、专有技术使用费和技术保密费；

2．国内有效专利、专有技术使用费用；

3．商标使用费、特许经营权费等。

三、其他资产费用

形成其他资产费用（递延资产）的有生产准备及开办费。

生产准备及开办费是指建设项目为保证正常生产（或营业、使用）而发生的人员培训费、提前进场费以及投产使用初期必备的生产生活用具、工器具等购置费用，内容包括：

1．人员培训费及提前进场费：自行组织培训或委托其他单位培训的人员工资、工资性补贴、职工福利费、差旅交通费、劳动保护费、学习资料费等。

2．为保证初期正常生产、生活（或营业、使用）所必需的生产办公、生活家具用具购置费。

3．为保证初期正常生产（或营业、使用）必需的第一套不够固定资产标准的生产工具、器具、用具购置费（不包括备品备件费）。

第五节 预备费及建设期货款利息

一、预备费

预备费是指在初步设计及概算内难以预料的工程费用，包括基本预备费和价差预备费。

（一）基本预备费

1. 进行技术设计、施工图设计和施工过程中，在批准的初步设计和概算范围内所增加的工程费用。

2. 由一般自然灾害所造成的损失和预防自然灾害所采取的措施费用。

3. 竣工验收为鉴定工程质量，必须开挖和修复隐蔽工程的费用。

（二）价差预备费

价差预备费指设备、材料的价差。

二、建设期贷款利息

建设期贷款利息是指建设项目贷款在建设期内发生并应计入固定资产的贷款利息等财务费用。

第三章　工程造价计价方法和依据

第一节　工程造价计价方法

一、工程造价计价的基本方法

从工程费用计算角度分析，工程造价计价的顺序是：工程项目单价→单位工程造价→单项工程造价→建设项目总造价。影响工程造价的主要因素是两个，即单位价格和实物工程数量，可用下列基本计算式表达：

$$工程造价 = \sum_{i=1}^{n}(工程量 \times 单位价格)$$

式中：i—第 i 个工程子项；

n—工程结构分解得到的工程子项数。

对于工程子项的单位价格分析，可以有两种形式：

（一）直接费单价

如果工程项目单位价格仅仅考虑人工、材料、施工机械（仪表）资源要素的消耗量和价格形成，即单位价格 =∑（工程子项的资源要素消耗量资源要素的价格），该单位价格是直接费单价。人工、材料、机械、仪表资源要素消耗量定额，它是工程计价的重要依据，与劳动生产率、社会生产力水平、技术和管理水平密切相关。发包人工程估价的定额反映的是社会平均生产力水平，而承包人进行估价的定额反映的是该企业技术与管理水平。资源要素的价格是影响工程造价的关键因素。在市场经济体制下，工程计价时采用的资源要素的价格应该是市场价格。

（二）综合单价

如果在单位价格中还考虑直接费以外的其他费用，则构成的是综合单价。根据 2009 年 12 月 19 日发布的《通信建设工程量清单计价规范》

（YD5192-2009）的规定，综合单价是完成工程量清单中一个规定计量单位项目所需的人工费、材料费、机械（仪表）使用费、管理费和利润，以及一定范围的风险费用组成。而规费、安全生产费和税金，是在求出分部分项工程费、措施项目费和其他项目费后再统一读取，最后汇总得出单位或单项工程造价。

二、工程定额计价法

（一）第一阶段：收集资料

1．设计图纸。设计图纸要求成套不缺，附带说明书以及必须的通用设计图。在计价前要完成设计交底和图纸会审程序；

2．现行计价依据、材料价格、人工工资标准、施工机械（仪表）台班使用定额以及有关费用调整的文件等；

3．工程协议或合同；

4．施工组织设计（施工方案）或技术组织措施等；

5．工程计价手册。如各种材料手册、常用计算公式和数据等各种资料。

（二）第二阶段：熟悉图纸和现场

1．熟悉图纸。看图计量是计价的基本工作，只有看懂图纸和熟悉图纸后，才能对工程内容、结构特征、技术要求有清晰的概念，才能在计价时做到项目全、计量准、速度快。阅读图纸重点应了解：

（1）对照图纸目录，检查图纸是否齐全；

（2）采用的标准图集是否已经具备；

（3）对设计说明或附注要仔细阅读。因为有些分章图纸中不再表示的项目或设计要求，往往在说明和附注中可以找到，稍不注意，容易漏项；

（4）设计上有无特殊的施工质量要求，事先列出需要另编补充定额的项目。

2．注意施工组织设计有关内容。施工组织设计是由施工单位根据施工特点、现场情况、施工工期等有关条件编制的，用来确定施工方案，布置现场，安排进度。计价时应注意施工组织设计中影响工程费用的因素。例如，土方工程中的余土外运或缺土的来源，大宗材料的堆放地点，地下工程或高层工程的垂直运输方法，设备构件的吊装方法，特殊构筑件的机具制作，安全防火措施等，单凭图纸和定额是无法提供的，只有按照施工组织设计的要求来具体补充项目和计算。

3．结合现场实际情况。在图纸和施工组织设计仍不能完全表示时，必须深入现场，进行实际观察，以补充上述的不足。例如，现场有无障碍物需要拆除和清理。在新建和扩建工程中，有些项目或工程量，依据图纸无法计算时，必须到现场实际测量。

（三）第三阶段：计算工程量

计算工程量是一项工作量很大，而又十分细致的工作。工程量是计价的基本数据，计算的精确程度不仅影响到工程造价，而且影响到与之关联的一系列数据，如计划、统计、劳动力、材料等。因此，决不能把工程量看成单纯的技术计算，它对整个企业的经营管理都有重要的意义。

1. 计算工程量一般可按下列具体步骤进行：

（1）根据施工图示的工程内容和定额项目，列出需计算工程量的分部分项；

（2）根据一定的计算顺序和计算规则，列出计算式；

（3）根据施工图示尺寸及有关数据，代入计算式进行数学计算；

（4）按照定额中的分部分项或工序的计量单位对应的计算结果的计量单位进行调整，使之一致。

2. 工程量的计算，要根据图纸所标明的尺寸、数量以及附有的设备明细表、构件明细表来计算。一般应注意下列几点：

（1）要严格按照计价依据的规定和工程量计算规则，结合图纸尺寸进行计算，不能随意地加大或缩小各部位的尺寸；

（2）为了便于核对，计算工程量一定要注明层次、部位、轴线编号及断面符号。计算式要力求简单明了，按一定程序排列，填入工程量计算表，以便查对；

（3）尽量采用图中已经通过计算注明的数量和附表。如预制构件表、钢筋表、设备表、安装主材表等，必要时查阅图纸核对。因为，设计人员通常是从设计角度来计算材料和构件的数量，除了口径不尽一致外，常常有遗漏和误差现象，要加以改正；

（4）计算时要防止重复计算和漏算。在比较复杂的工程或工作经验不足时，最容易发生的是漏项漏算或重项重算。因此，在计价之前先看懂图纸，弄清各页图纸的关系及细部说明。一般也可按照施工次序，由上而下，由外而内，由左而右，事先草列分部分项或工序名称，依次进行计算。在计算中发现有新的项目，随时补充进去，防止遗忘，也可以采用分页图纸逐张清算的办法，以便先减少一部分图纸数量，集中精力计算比较复杂的部分计算工程量，有条件的尽量分层、分段、分部位来计算，最后将同类项加以合并，编制工程量汇总表。

（四）第四阶段：套定额计算单价

在计价过程中，如果工程量已经核对无误，项目不漏不重，则余下的问题就是如何正确套价。计算直接费套价应注意以下事项：

（1）分项或工序工程名称、规格和计算单位必须与定额中所列内容完全一致。即以定额中找出与之相适应的项目编号，查出该项工程的相关信息。套单价要求准确、适用，否则得出的结果就会偏高或偏低。熟练的专业人员，往往在计算工程量划分项目时，就会考虑到如何与定额项目相符合。如混凝土要注明强度等级等等，以免在套价时，仍需查找图纸和重新计算。

（2）定额换算。任何定额本身的制定，都是按照一般情况综合考虑的，存在有许多缺项和不完全符合图纸要求的地方，因此，必须根据定额进行换算，即以某分项或工序定额为基础进行局部调整。如材料品种改变和数量增加，混凝土和砂浆强度等级与定额规定不同，使用的测试仪表种类不同等。有的项目允许换算，有的项目不允许换算，均按定额规定执行。

（3）补充定额编制。当施工图纸的某些设计要求与定额项目特征相差甚远，既不能直接套用也不能换算、调整时，必须编制补充定额。

（五）第五阶段：编制工料分析表

根据各分部分项或工序工程的实物工程量和相应定额中的项目所列的用工工日及材料数量，计算出各分部分项或工序所需的人工及材料数量，相加汇总便得出该单位或单项工程所需要的各类人工和材料的数量。

（六）第六阶段：费用计算

在项目、工程量、单价经复查无误后，将所列项工程实物量全部计算出来后，就可以按所套用的相应定额单价计算直接工程费，进而计算直接费、间接费、利润、税金及安全生产费等各种费用，并汇总得出工程造价。

（七）第七阶段：复核

工程计价完成后，需对工程计价结果进行复核，以便及时发现差错，提高成果质量。复核时，应对工程量计算公式和结果、套价、各项费用的取费及计算基础和计算结果、材料和人工价格及其价格调整等方面是否正确进行全面复核。

（八）第八阶段：编制说明

编制说明是说明工程计价的有关情况，包括编制依据、工程性质、内容范围、设计图纸号、所用计价依据、有关部门的调价文件号、套用单价或补充定额子目的情况及其他需要说明的问题。封面填写应写明工程名称、工程编号、编制单位名称、法定代表人、编制人及其资格证号和编制日期等。

三、工程量清单计价法

工程量清单计价法的程序和方法与工程定额计价法基本一致，只是上述第四、第五、第六阶段有所不同。具体如下：

（一）第四阶段：工程量清单项目组价

组价的方法和注意事项与工程定额计价法相同，每个工程量清单项目包括一个或几个子目，每个子目相当于一个定额子目。所不同的是，工程量清单项目套价的结果是计算该清单项目的综合单价，并不是计算该清单项目的直接工程费。

（二）第五阶段：分析综合单价

工程量清单的工程数量，按照《通信建设工程量清单计价规范》规定的工程量计算规则计算。一个工程量清单项目由一个或几个定额子目组成，将各定额子目的综合单价汇总累加，再除以该清单项目的工程数量，即可求得该清单项目的综合单价。

（三）第六阶段：费用计算

在工程量计算、综合单价分析经复查无误后，即可进行分部分项工程费、措施项目费、其他项目费、规费、税金和安全生产费的计算，从而汇总得出工程造价。

其具体计算原则和方法如下：

分部分项工程费 = ∑ 分部分项工程量分部分项工程项目综合单价

其中，分部分项工程项目综合单价由人工费、材料费、机械费、仪表费、管理费和利润组成，并考虑风险因素。

措施项目费 = ∑ 措施项目工程量措施项目综合单价

或措施项目费 = ∑ 各措施项目费费率

单位（单项）工程造价 = 分部分项工程费 + 措施项目费 + 其他项目费 + 规费 + 税金 + 安全生产费

单项工程造价 = ∑ 单位工程造价

建设项目总造价 = ∑ 单项工程造价

第二节 工程造价计价依据概述

一、建设工程定额及其分类

建设工程定额是指在工程建设中单位产品上人工、材料、机械、仪表、资金消耗的规定制度。这种规定的额度反映的是，在一定的社会生产力发展水平的条件下，完成工程建设中的某项产品与各种生产消费之间特定的数量关系。也可以讲，建设工程定额是根据国家一定时期的管理体制和管理制度，根据不同定额的用途和适用范围，由指定的机构按照一定的程序制定的。并按照规定的程序审批和颁发执行。建设工程定额是主观的产物，但是，它应正确地反映工程建设和各种资源消耗之间的客观规律。

（一）建设工程定额的分类

1. 按定额反映的物质消耗内容分类

可以把建设工程定额分为劳动消耗定额、材料消耗定额和机械（仪表）消耗定额三种。

（1）劳动消耗定额。简称劳动定额。劳动消耗定额是指完成一定的合格产品（工程实体或劳务）规定活劳动消耗的数量标准。为了便于综合和核算，劳动定额大多采用工作时间消耗量来计算劳动消耗的数量。所以劳动定额主要表现形式是时间定额，但同时也表现为产量定额。

（2）材料消耗定额。简称材料定额，是指完成一定合格产品所需消耗材料的数量标准。材料是指工程建设中使用的原材料、成品、半成品、构配件等。材料作为劳动对象构成工程的实体，需用数量大，种类繁多。所以材料消耗量多少、消耗是否合理，不仅关系到资源的有效利用，影响市场供求状况，而且对建设工程的项目投资、建筑产品的成本控制都起着决定性影响。

（3）机械（仪表）消耗定额。我国机械（仪表）消耗定额一般是以一台机械（仪表）一个工作班（8小时）为计量单位，所以又简称机械（仪表）台班定额。机械（仪表）消耗定额是指为完成一定合格产品（工程实体或劳务）所规定的施工机械（仪表）消耗的数量标准。机械（仪表）消耗定额的主要表现形式是时间定额，但同时也可以产量定额表现。

2. 按照定额的编制程序和用途分类

可以把建设工程定额分为施工定额、预算定额、概算定额、投资估算指标和工期定额五种。

（1）施工定额。它是施工单位直接用于施工管理的一种定额，是编制施工作业计划、施工预算、计算工料，向班组下达任务书的依据。施工定额主要包括：劳动定额、机械（仪表）台班定额和材料消耗定额三个部分。

（2）预算定额。它是编制预算时使用的定额，是确定一定计量单位的分部、分项工程或结构构件的人工（工日）、机械（台班）、仪表（台班）和材料的消耗数量标准。

每一项分部、分项工程的定额，都规定有工作内容，以便确定该项定额的适用对象，而定额本身则规定有：人工工日数（分等级表示或以平均等级表示）、各种材料的消耗量（次要材料亦可综合地以价值表示）、机械台班数量和仪表台班数量等几个方面的实物指标。全国统一预算定额（或某些专业定额）里的预算价值，是以某地区的人工、材料和机械台班预算单价为标准计算的，称为预算基价，基价可供设计、预算比较参考。编制预算时，如不能直接套用基价，则应根据各地的预算单价和定额的工料消耗标准，编制地区估价表。

（3）概算定额。它是编制概算时使用的定额，是确定一定计量单位扩大分部、分项工程的工、料、机械台班和仪表台班消耗量的标准，是设计单位在初步设计阶段确定建筑（构筑物）概略价值、编制概算、进行设计方案经济比较的依据。它也可用来概略地计算人工、材料、机械台班、仪表台班的需要数量，作为编制基建工程主要材料申请计划的依据。它的内容和作用与预算定额相似，但项目划分较粗，没有预算定额的准确性高。

（4）投资估算指标。它是在项目建议书和可行性研究阶段编制投资估算、计算投资需要量时使用的一种定额，往往以独立的单项工程或完整的工程项目为计算对象。它的概括程度与可行性研究阶段相适应，主要作用是为项目决策和投资控制提供依据。投资估算指标虽然往往根据历史的预、决算资料和价格变动等资料编制，但其编制基础仍然离不开预算定额、概算定额。

（5）工期定额。它是为各类工程规定的施工期限的定额天数，包括建设工期定额和施工工期定额两个层次。

建设工期是指建设项目或独立的单项工程在建设过程中所耗用的时间总量，一般以月数或天数表示。它指从开工建设时起，到全部建成投产或交付使用时为止所经历的时间，但不包括由于计划调整而停缓建所延误的时间。施工工期一般是指单项工程或单位工程从开工到完工所经历的时间。施工工期是建设工期中的一部分，如单位工程施工工期，是指从正式开工起至完成承包工程全部设计内容并达到验收标准的全部有效天数。

3. 按主编单位和适用范围分类

建设工程定额可分为全国统一定额、行业定额、地区统一定额、企业定额和临时定额五种。

（1）全国统一定额是由国家建设行政主管部门，综合全国工程建设中技术和施工组织管理的情况编制，并在全国范围内执行的定额，如全国统一安装工程定额。

（2）行业定额，它是各行业主管部门根据其行业工程技术特点，以及施工生产和管理水平编制的，在本行业范围内使用的定额，如铁路建设工程定额、信息通信建设工程预算和费用定额。

（3）地区统一定额（包括省、自治区、直辖市定额），它是各地区主管部门考虑本地区特点而编制的，在本地区范围内使用的定额。

（4）企业定额，它是指由施工企业考虑本企业具体情况，参照行业或地区性定额的水平编制的定额。企业定额只在本企业内部使用，是企业素质的一个标志。

（5）临时定额，也称补充定额。它是指随着设计、施工技术的发展，在现行各种定额不能满足需要的情况下，为了补充缺项由建设单位组织相关单位所编制的定额。临时定额只能在指定的范围内使用，设计中编制的临时定额需向有关定额管理部门报备，作为修改、补充定额的基础资料。

二、投资估算指标

（一）投资估算指标及其作用

工程建设投资估算指标是编制建设项目建议书、可行性研究报告等前期工作阶段投资估算的依据，也可以作为编制固定资产长远规划投资额的参考。投资估算指标为完成项目建设的投资估算提供依据和手段，它在固定资产的形成过程中起着投资预测、投资控制、投资效益分析的作用，是合理确定项目投资的基础。估算指标中的主要材料消耗量也是一种扩大材料消耗量指标，可以作为计算建设项目主要材料消耗量的基础。估算指标的正确制订对于提高投资估算的准确度、对建设项目的合理评估、正确决策具有重要的意义。

（二）投资估算指标编制原则

由于投资估算指标属于项目建设前期进行估算投资的技术经济指标，它不但要反映实施阶段的静态投资，还必须反映项目建设前期和交付使用期内发生的动态投资，以投资估算指标为依据编制的投资估算，包含项目建设的全部投资额。这就要求投资估算指标比其他各种计价定额具有更大的综合性和概括性。因此，投资估算指标的编制工作，除了应遵循一般定额的编制原则外，还必须坚持下述原则：

1. 投资估算指标项目的确定，应考虑以后几年编制建设项目建议书和可行性研究报告投资估算的需要。

2. 投资估算指标的分类、项目划分、项目内容、表现形式等，要结合各专业的特点，并且要与项目建议书、可行性研究报告的编制深度相适应。

3. 投资估算指标的编制内容，典型工程的选择，必须遵循国家的有关建设方针政策，符合国家技术发展方向，贯彻国家高科技政策和发展方向的原则，使指标的编制既能反映现实的高科技成果，反映正常建设条件下的造价水平，也能适应今后苦于年的科技发展水平。坚持技术上先进、可行和经济上的合理，力争以较少的投入求得最大的投资效益。

4. 投资估算指标的编制要反映不同行业、不同项目和不同工程的特点，投资估算指标要适应项目前期工作深度的需要，而且具有更大的综合性。投资估算指标的编制必须密切结合行业特点，项目建设的特定条件，在内容上既要贯彻指导性、准确性和可调性的原则，又要具有一定的深度和广度。

5. 投资估算指标的编制要体现国家对固定资产投资实施间接控制作用的特点。要贯彻能分能合、有粗有细、细算粗编的原则。使投资估算指标能满足项目建议书和可行性研究各阶段的要求，既有能反映一个建设项目的全部投资及其构成（建筑工程费、安装工程费、设备工器具购置费和其他费用），又要有组成建设项目投资的各个单项工程投资（主要生产设施、辅助生产设施、公用设施、生活福利设施等）。做到既能综合使用，又能个别分解使用。占投资比重大的建筑工程工艺设备，要做到有量、有价，根据不同结构形式的建筑物列出每百平方米的主要工程量和主要材料量，主要设备也要列出有规格、型号、数量。同时，要以编制年度为基期计价，有必要的调整、换算办法等，便于由于设计方案、选厂条件、建设实施阶段的变化而对投资产生影响作相应的调整，也便于对现有企业实行技术改造和改、扩建项目投资估算的需要，扩大投资估算指标的覆盖面。使投资估算能够根据建设项目的具体情况合理准确地编制。

6. 投资估算指标的编制要贯彻静态和动态相结合的原则。要充分考虑到在市场经济条件下，由于建设条件、实施时间、建设期限等因素的不同，考虑到建设期的动态因素，即价格、建设期利息及涉外工程的汇率等因素的变动，导致指标的量差、价差、利息差、费用差等"动态"因素对投资估算的影响，对上述动态因素给予必要的调整办法和调整参数，尽可能减少这些动态因素对投资估算准确性的影响，使指标具有较强的实用性和可操作性。

（三）投资估算指标的编制

投资估算指标，是在编制项目建议书可行性研究报告和编制设计任务书阶段进行投资估算、计算投资需要量时使用的一种定额。它具有较强的综合性、概括性，往往以独立的单项工程或完整的工程项目为计算对象。它的概略程度与可行性研究阶段相适应。它的主要作用是为项目决策和投资控制提供依据，是一种扩大的技术经济指标。投资估算指标虽然往往根据历史的预、决算资料和价格变动等资料编制，但其编制基础仍离不开预算定额、概算定额。

投资估算指标是确定和控制建设项目全过程各项投资支出的技术经济指标。其范围涉及建设前期、建设实施期和竣工验收交付使用期等各个阶段的费用支出，内容因行业不同而各异，一般可分为建设项目综合指标、单项工程指标和单位工程指标3个层次。建设项目综合指标一般以项目的综合生产能力单位投资表示。单项工程指标一般以单项工程生产能力单位投资表示。单位工程指标按专业性质的同采用不同的方法表示。

表 2-4-5 投资估算指标的编制

定义	是编制建设项目建议书、可行性研究报告等前期工作阶段投资估算的依据，也可以作为编制固定资产长远规投资额的参考		
编制原则	考虑以后几年编健建设项目建议书和可行性研究报告投资估算的需要；要结合各专业的特点，并且要与项目建议书、可行性研究报告的编制深度相适应；反映正常建设条件下的造价水平，也能适应今后若干年的技发展水平；要反映不同行业、不同项目和不同工程的特点要适应项目前期工作深度的需要，而且具有更大的综合性；投资估算指标的编制要贯彻静态和动态相结合的原则。		
内容	建设项目综合指标	包括单项工程投资、工程建设其她费用和好预备费等。一般以项目的综合生产能力单位投资表示，	
	单项工程指标	包括建筑工程费、安装工程费、设备、工器具及生产家具购置费和其他费用。一般以单项工程生产能力单位投资或其他单位表示	
	单位工程指标	即建筑安装工程费用。单位工程指标一般以如下方式表示，如"元/m³"、"元/m²"、"元/m"	
编制方法	收集整理资料阶段；平衡调整阶段；测算审查阶段		

目前，信息通信行业没有出台行业统一的投资估算指标，各使用机构根据自身工程建设的特点，参照行业预算定额编制投资估算。

三、概算指标

概算指标是以整个建筑物或构筑物为对象，以"平方米"、"立方米"、"套"、"系统"或"座"等为计量单位，规定了人工、材料、机械（仪表）台班的消耗指标的一种标准。

（一）概算指标的主要作用

1. 概算指标是建设管理部门编制投资估算和编制建设计划，估算主要材料用量计划的依据；
2. 概算指标是设计单位编制初步设计概算、选择设计方案的依据；
3. 概算指标是考核建设投资效果的依据。

（二）概算指标的主要内容和形式

概算指标的内容和形式没有统一的格式。通常根据具体行业建设工程的特点确定，一般包括以下内容：

1. 工程概况。包括建筑面积、建设地点、时间、工程各部位的结构及做法等；
2. 工程造价及费用组成；
3. 每个计量单位的工程量指标；
4. 每个计量单位的工料消耗指标。

四、工程造价指数

（一）工程造价指数及其意义

随着我国经济体制改革，特别是价格体制改革的不断深化，设备、材料价格和人工费的变化对工程造价的影响日益增大。在建筑市场供求和价格水平发生经常性波动的情况下，建设工程造价及其各组成部分也处于不断变化之中，这不仅使不同时期的工程在"量"与"价"两方面都失去可比性，也给合理确定和有效控制造价造成了困难。根据工程造价的特点，编制工程造价指数是解决这些问题的最佳途径。以合理方法编制的工程造价指数，不仅能够较好地反映工程造价的变动趋势和变化幅度，而且可用以剔除价格水平变化对造价的影响，正确反映建筑市场的供求关系和生产力发展水平。

工程造价指数是反映一定时期由于价格变化对工程造价影响程度的一种指标，它是调整工程造价价差的依据。工程造价指数反映了报告期与基期相比的价格变动趋势，利用它来研究实际工作中的下列问题很有意义。

首先，可以利用工程造价指数分析价格变动趋势及其原因。第二，可以利用工程造价指数估计工程造价变化对宏观经济的影响。第三，工程造价指数是工程承发包双方进行工程估价和结算的重要依据。

（二）工程造价指数的分类

1. 按照工程范围、类别、用途分类

（1）单项价格指数。是分别反映各类工程的人工、材料、施工机械及主要设备报告期价格对基期价格的变化程度的指标。可利用它研究主要单项价格变化的情况及其发展变化的趋势。如人工费价格指数、主要材料价格指数、施工机械（仪表）台班价格指数、主要设备价格指数等。

（2）综合造价指数。是综合反映各类项目或单项工程人工费、材料费、施工机械（仪表）使用费和设备费等报告期价格对基期价格变化而影响工程造价程度的指标，是研究造价总水平变动趋势和程度的主要依据。如建筑安装工程造价指数、建设项目或单项工程造价指数、建筑安装工程直接费造价指数、其他直接费及间接费造价指数、工程建设其他费用造价指数等。

2. 按造价资料期限长短分类

（1）时点造价指数。是不同时点（例如 2021 年 4 月 5 日 9 时对上一年同一时点）价格对比计算的相对数。

（2）月指数。是不同月份价格对比计算的相对数。

（3）季指数。是不同季度价格对比计算的相对数。

（4）年指数。是不同年度价格对比计算的相对数。

3. 按不同基期分类

（1）定基指数。是各时期价格与某固定时期的价格对比后编制的指数。

（2）环比指数。是各时期价格都以其前一期价格为基础计算的造价指数。例如，与上月对比计算的指数，为月环比指数。

五、预算定额

（一）预算定额的概念

预算定额，是规定消耗在单位的工程基本构造要素上的劳动力、材料、机械和仪表的数量标准，是计算建筑安装产品价格的基础。

所谓工程基本构造要素，就是通常所说的分项工程和结构构件。预算定额按工程基本构造要素规定劳动力、材料、机械和仪表的消耗数量，以满足编制施工图预算、确定和控制工程造价的要求。

预算定额是工程建设中一项重要的技术经济文件，它的各项指标，反映了在完成单位分项工程消耗的活劳动和物化劳动的数量限度。这种限度最终决定着单位工程和单项工程的成本和造价。

（二）预算定额的用途和作用

1. 预算定额是编制施工图预算，确定和控制建筑安装工程造价的基础。

施工图预算是施工图设计文件之一，是控制和确定建筑安装工程造价的必要手段。编制施工图预算，除设计文件决定的建设工程功能、规模、尺寸和文字说明是计算分部分项工程量和结构构件数量的依据之外，预算定额是确定一定计量单位工程分项人工、材料、机械、仪表消耗量的依据；也是计算分项工程单价的基础。所以，预算定额对建筑安装工程直接费影响很大。依据预算定额编制施工图预算，对确定建筑安装工程费用会起到很好的作用。

2. 预算定额是对设计方案进行技术经济比较、技术经济分析的依据。

设计方案在设计工作中居于中心地位。设计方案的选择要满足功能、符合设计规范。既要技术先进又要经济合理。根据预算定额对方案进行技术经济分析和比较，是选择经济合理设计方案的重要方法。对设计方案进行比较，主要是通过定额对不同方案所需人工、材料、机械和仪表台班消耗量，材料重量、材料资源等进行比较。这种比较可以判明不同方案对工程造价的影响。

对新技术、新材料的应用和推广，也需要借助于预算定额进行技术经济分析和比较，从技术与经济的结合上考虑普遍采用的可能性和效益。

3. 预算定额是施工企业进行经济活动分析的依据。

实行经济核算的根本目的，是用经济的方法促使企业在保证质量和工期的条件下，用较少的劳动消耗取得大量的经济效果。企业可根据预算定额，对施工中的劳动、材料、机械、仪表的消耗情况进行具体分析，以便找出低工效、高消耗的薄弱环节及其原因。为实现经济效益的增长由粗放型向集约型转变，提供对比数据，促使企业提高在市场上竞争的能力。

4. 预算定额是编制标底、投标报价的基础。

在深化改革中，在市场经济体制下预算定额作为编制标底的依据和施工企业报价的基础性的作用仍将存在，这是由于它本身的科学性和权威性决定的。

5. 预算定额是编制概算定额的基础。

概算定额是在预算定额基础上经综合扩大编制的，也需要利用预算定额作为编制依据，这样做不但可以节省编制工作中大量人力、物力和时间，收到事半功倍的效果。还可以使概算定额在水平上与预算定额一致，以避免造成执行中的不一致。其中，信息通信建设工程长期以来没有编制概算定额，以预算定额代替概算定额来编制初步设计中的概算文件。

（三）预算定额的编制原则

1．按社会平均确定预算定额水平的原则。

预算定额是确定和控制建筑安装工程造价的主要依据。因此它必须遵照价值规律的客观要求，即按生产过程中所消耗的社会必要劳动时间确定定额水平。也即按照在现有的社会正常的生产条件下，在社会平均的劳动熟练程度和劳动强度下制造某种使用价值所需要的劳动时间来确定定额水平。所以预算定额的水平，是在正常的施工条件，合理的施工组织和工艺条件、平均劳动熟练程度和劳动强度下，完成单位分项工程基本构造要素所需的劳动时间。

预算定额的水平以施工定额水平为基础。二者有着密切的联系。但是，预算定额绝不是简单地套用施工定额的水平。首先，这里要考虑预算定额中包含了更多的可变因素，需要保留合理的幅度差。如人工幅度差、机械幅度差、材料的超运距、辅助用工及材料堆放、运输、操作损耗和由细到粗综合后的量差等。其次，预算定额是平均水平，施工定额是平均先进水平。所以两者相比预算定额水平要相对底一些。

2 简明适用原则。

编制预算定额贯彻简明适用原则是对执行定额的可操作性便于掌握而言的。为此，编制预算定额时，对于那些主要的、常用的、价值量大的项目，分项工程划分宜细。次要的不常用的、价值量相对较小的项目则可以放粗一些。

要注意补充那些因采用新技术、新工艺、新材料和先进经验而出现的新的定额项目。项目不全，缺漏项多，就使建筑安装工程价格缺少充足的、可靠的依据。即临时或补充的定额一般因受资料所限，且费时费力，可靠性较差，容易引起争执。同时要注意合理确定预算定额的计量单位，简化工程量的计算，尽可能避免同一种材料用不同的计量单位，以及尽可能少留活口减少换算工作量。

3．坚持统一性和差别性相结合原则。

所谓统一性，就是从培育全国统一市场规范计价行为出发，计价定额的制定规划和组织实施由国务院建设行政主管部门归口，并负责全国统一定额制定或修改，颁布有关工程造价管理的规章制度办法等。这样就有利于通过定额和工程造价管理实现建筑安装工程价格的宏观调控。通过编制全国或行业统一定额,使建筑安装工程具有一个统一的计价依据,也使考核设计和施工的经济效果具有一个统一的尺度。

所谓差别性,就是在统一性基础上,各部门和省、自治区、直辖市主管部门可以在自己的管辖范围内,根据本部门和地区的具体情况,制定部门和地区性定额、补充性制度和管理办法,以适应我国幅员辽阔,地区间部门间发展不平衡和差异大的实际情况。

(四)现行信息通信建设工程预算定额的构成

1. 预算定额的册构成

现行信息通信建设预算定额按专业分为《通信电源设备安装工程》、《有线通信设备安装工程》、《无线通信设备安装工程》、《通信线路工程》和《通信管道工程》共五册,每册包含的工程内容见附录一(信息通信建设工程预算定额构成表 16-1 ~表 16-5)。

2. 每册预算定额的构成

每册通信建设工程预算定额由总说明、册说明、章节说明、定额项目表和附录构成。

(1)总说明

总说明不仅阐述定额的编制原则、指导思想、编制依据和适用范围,同时还说明编制定额时已经考虑和没有考虑的各种因素以及有关规定和使用方法等。在使用定额时应首先了解和掌握这部分内容,以便正确地使用定额。

(2)册说明

册说明阐述该册的内容,编制基础和使用该册应注意的问题及有关规定等。

(3)章说明

章说明主要说明分部、分项工程的工作内容,工程量计算方法和本章节有关规定、计量单位、起迄范围,应扣除和应增加的部分等。这部分是工程量计算的基本规则,必须全面掌握。

(4)定额项目表

定额项目表是预算定额的主要内容,项目表不仅给出了详细的工作内容,还列出了在此工作内容下的分部分项工程所需的人工、主要材料、机械台班、仪表台班的消耗量。特列举《第四册通信线路工程》中《第二章敷设埋式光(电)缆》的《第三节专用塑料管道内敷设光缆》内的一个定额项目为例说明,如图 14-6 所示。

工作内容　定额编号　定额项目　定额单位

工作内容：单盘光缆外观检查、测试单盘光缆性能指标、光缆配盘、气流机穿放光缆、封光缆端头、堵管孔头等。

	定额编号		TXL2-094	TXL2-095	TXL2-096	TXL2-097	TXL2-098
	项目		平原地区气流法穿放光缆				
			24芯以下	48芯以下	72芯以下	96芯以下	144芯以下
	定额单位		千米条				
	名称	单位	数量				
人工	技工	工日	8.94	10.01	11.08	12.16	13.23
	普工	工日	1.27	1.43	1.58	1.74	1.89
主要材料	光缆	m	1010.00	1010.00	1010.00	1010.00	1010.00
	护缆塞	个	*	*	*	*	*
	润滑剂	kg	0.50	0.50	0.50	0.50	0.50
机械	气流敷设设备（含空气压缩机）	台班	0.20	0.23	0.26	0.29	0.32
	载重汽车（5t）	台班	0.20	0.23	0.26	0.29	0.32
	汽车式起重机（5t）	台班	0.20	0.23	0.26	0.29	0.32
仪表	光时域反射仪	台班	0.13	0.18	0.23	0.28	0.33
	偏振模色散测试仪	台班	(0.13)	(0.18)	(0.23)	(0.28)	(0.33)

人工消耗量　主要材料消耗量　机械台班消耗量　仪表台班消耗量

图 16-6　定额项目表主要内容举例

（5）附录

预算定额的最后列有附录，供使用预算定额时参考。其中各册附录情况如下：

①第一册、第二册、第三册没有附录。

②第四册有三个附录，名称分别为：

《附录一土壤及岩石分类表》、《附录二主要材料损耗率及参考容重表》、《附录三光（电）缆工程成品预制件材料用量表》、

③第五册有十一个附录，名称分别为：

《附录一土壤及岩石分类表》、《附录二开挖土（石）方工程量计算》、《附录三主要材料损耗率及参考容重表》、《附录四水泥管管道每百米管群体积参考表》、《附录五通信管道水泥管块组合图》、《附录六 100m 长管道基础混凝土体积一览表》、《附录七定型人孔体积参考表》、《附录八开挖管道沟土方体积一览表》、《附录九开挖 100m 长管道沟上口路面面积》、《附录十开挖定型人孔土方及坑上口路面面积》、《附录十一水泥管通信管道包封用混凝土体积一览表》。

六、概算定额

（一）概算定额概念

概算定额又称扩大结构定额，规定了完成单位扩大分项工程或单位扩大

结构构件所必须消耗的人工、材料和机械（仪表）台班的数量标准。

概算定额是由预算定额综合而成的。按照《建设工程工程量清单计价规范》的要求，为适应工程招标投标的需要，有的地方预算定额已与概算定额项目一致，如信息通信行业一直用预算定额代替概算定额。

（二）概算定额的主要作用

1. 概算定额是扩大初步设计阶段编制设计概算和技术设计阶段编制修正概算的依据；
2. 概算定额是对设计项目进行技术经济分析和比较的基础资料之一；
3. 概算定额是编制建设项目主要材料计划的参考依据；
4. 概算定额是编制概算指标的依据；
5. 概算定额是编制招标控制价和投标报价的依据。

（三）概算定额的编制依据

1. 现行的预算定额；
2. 选择的典型工程施工图和其他有关资料；
3. 人工工资标准、材料预算价格和机械台班预算价格。

第三节 人工定额消耗量及单价的确定方法

人工定额包含消耗量和单价两项指标，其中消耗量是指完成定额规定计量单位所需要的全部工序用工量，一般应包括基本用工、辅助用工和其他用工。

一、基本用工的确定

由于每个定额都综合了数个工序内容，各种工序用工工效应根据施工定额逐项计算，因此，完成定额单位产品的基本用工量包括该定额中主体工程的用工量和附属于主体工程中各项工程的用工量。它是构成定额人工消耗指标的主要组成部分。

信息通信建设工程定额项目基本用工的确定有以下三种方法：

1. 对于有劳动定额依据的项目，基本用工一般应按劳动定额的时间定额乘以该工序的工程量计算确定，即

$$L_{基} = \sum (I \times t)$$

式中，L 基——定额项目基本用工；

　　　I——工序工程量；

　　　t——时间定额。

2. 对于无劳动定额可依据的项目，基本用工量的确定应参照现行其他劳动定额，通过细算粗编，在广泛征求设计、施工、建设等部门的意见，必要时亲临施工现场调查研究的基础上确定。

3. 对于新增加的，且无劳动定额可供参考的定额项目，一般可参考相近的定额项目，结合新增施工项目的特点和技术要求，先确定施工劳动组织和基本用工过程，根据客观条件和工人实际操作水平确定日进度，然后根据该工序的工程量计算确定基本用工。

二、辅助用工的确定

辅助用工是劳动定额未包括工序的用工量。包括施工现场某些材料临时加工用工和排除一般障碍、维持必要的现场安全用工等。它是施工生产不可缺少的用工，应以辅助用工的形式列入定额。

施工现场临时材料加工用工量计算，一般是按加工材料的数量乘以相应时间定额确定。

三、其他用工的确定

是指劳动定额中未包括而在正常施工条件下必然发生的零星用工量，是定额的必要组成部分，编制定额时必须计算。其内容包括：

1. 在正常施工条件下各工序间的搭接和工种间的交叉配合所需的停歇时间；

2. 施工机械在单位工程之间转移及临时水电线路在施工过程中移动所发生的不可避免的工作停歇；

3. 因工程质量检查与隐蔽工程验收而影响工人操作的时间；

4. 因场内单位工程之间操作地点的转移，影响工人操作的时间以及施工过程中工种之间交叉作业的时间；

5. 施工中细小的难以测定的不可避免的工序和零星用工所需的时间等。

其他用工一般按定额的基本用工量和辅助用工量之和的 10% 计算。

四、人工单价的确定

人工单价是指一个建筑安装工人一个工作日（八小时）在工程造价中应计入的全部人工费用。它基本上反映了建筑安装工人的工资水平和一个工人在一个工作日中可以得到的报酬。

目前，信息通信建设行业定额不分专业和地区工资类别，综合取定人工费。人工费单价为：技工 114 元 / 工日；普工 61 元 / 工日。

第四节　材料定额消耗量及单价的确定方法

信息通信建设工程中的材料是指施工过程中耗用的构成工程实体的原材料、辅助材料、构配件、零件、半成品，通常分为主要材料和辅助材料两大类。其中主要材料的名称和常用的消耗量可在《信息通信建设工程预算定额》中查询；辅助材料在信息通信建设工程施工过程中一般由施工企业自购，费用的计算按主要材料费的一定比例计取。

一、主要材料及消耗量的确定

主要材料是指在建筑安装工程中或产品构成中形成产品实体的各种材料，通常是根据编制预算定额时选定的有关图纸、测定的综合工程量数据、主要材料消耗定额、有关理论计算公式等逐项综合计算。先算出净用量加损耗量后，以实用量列入定额。计算公式为

$$Q = W + \sum r$$

式中，Q——完成某工程量的主要材料消耗定额（实用量）；

　　　W——完成某工程量实体所需主要材料净用量；

　　　$\sum r$——完成某工程量最低损耗情况下各种损耗量之和。

1. 主要材料净用量

指不包括施工现场运输和操作损耗，完成每一定额计量单位产品所需某种材料的用量。

2. 主要材料损耗量

（1）周转性材料摊销量

施工过程中多次周转使用的材料，每次施工完成之后还可以再次使用，但在每次用过之后必然发生一定的损耗，经过若干次使用之后，此种材料报废或仅剩残值，这种材料就要以一定的摊销量分摊到材料定额中，通常称作周转性材料摊销量。

例如：水底电缆敷设船只组装，顶钢管、管道沟挡土板所用木材等，一般按周转 10 次摊销。在材料定额编制过程中，对周转性材料应严格控制周转

次数，以促进施工企业合理使用材料，充分发挥周转性材料的潜力，减少材料损耗，降低工程成本。

材料定额的一次摊销材料量的计算公式为：

$$R = \frac{Q(1+P)}{N}$$

式中，R——周转性材料的定额摊销量；

　　　Q——周转性材料分项工程一次施工需用量；

　　　P——材料损耗率；

　　　N——规定材料在施工中所需周转次数。

（2）主要材料损耗率

主要材料损耗量是指材料在施工现场运输和生产操作过程中不可避免的合理消耗量，要根据材料净用量和相应的材料损耗率计算。

信息通信建设工程材料定额的主要材料损耗率的确定是按合格的原材料，在正常施工条件下，以合理的施工方法，结合现行定额水平综合取定的。

信息通信建设工程主要材料损耗率及参考容重如表14-1所示：

表14-1 ：主要材料损耗率及参考容重表

序号	材料名称	损耗率	参考容重（kg/m³）	序号	材料名称	损耗率	参考容重（kg/m³）
1	铁线 钢绞线 铜包钢线	1.5%		20	塑料接头保护管 水泥（袋装）	1%	
2	铜线	1.5%		21	水泥（散装）	1.1%	
3	铝线	0.5%		22	水泥电杆及	5%	
4	铅套管	0.5%		23	水泥制品	0.3%	
5	钢材	2.5%		24	水泥盖板	2%	2200
6	钢筋	1%		25	标石	2%	2200
7	顶管用钢管	2%		26	毛石	16%	2000～2500
8	各种铁件	2%	7800	27	碎石	4%	1650
9	各种穿钉	3%		28	粗砂	5%	1500
10	埋式光	1%		29	白灰	3%	800～1000
11	（电）缆	1%		30	木材	5%	1700
12	管道光	0.5%		31	机制砖	2%	1600
13	（电）缆	1.5%		32	水泥砂浆	3%	1900～2500
14	架空光	0.7%		33	混凝土	2%	
15	（电）缆	2%		34	水银告警器	15%	
16	局内配线光	3%		35	木杆、横	0.2%	
17	（电）缆 电缆挂钩 绝缘导线	1.5%		36	木、木担、桩木 炸药	1%	

二、材料单价的确定

信息通信建设工程材料单价在使用过程中一般采用的是市场询价方式，在一些特殊情况下也可参考相关单位出版的材料价格信息手册。

一般情况下信息通信工程常用材料价格手册应包含以下十类材料的单价：

1. 通信光缆：层绞松套式光缆、层绞式铠装光缆、非金属松套管层绞式光缆、非金属阻燃室外光缆、中心束管式光缆。

2. 通信电缆：充气电缆、充油电缆、自承式电缆、铠装式电缆、阻燃电缆、高频电缆、音频电缆、数据缆。

3. 电力电缆：直流电缆、交流电缆、高压电缆、高压交联电缆、架空绝缘电缆、铜芯全塑电力电缆、耐火电力电缆、控制电缆、屏蔽控制电缆。

4. 电线、光跳线、尾纤：镀锌钢绞线、铜芯绝缘电线、铝芯绝缘电线、尼龙绝缘电线、铜芯软电线、钢芯铝绞线、镀锌钢芯铝绞线、铝包钢芯铝绞线、平行塑料线、光缆跳线、尾纤。

5. 安装器材和配件：常用安装铁件、穿钉、螺栓、螺丝、通信线路安装器材、通信管道安装器材。

6. 无线天馈线安装器件。

7. 分线接线及光、电缆保护器材：分线盒、接头盒、交接箱、组线箱、光（电）缆保护及其他。

8. 塑料及其制品：模板、塑料管件及其他制品、热缩套管、热缩端帽及其他。

9. 常用建筑材料：木材、水泥及其制品、钢材及其制品、其他建筑材料。

10. 综合布线安装器材。

第五节　机械（仪表）台班定额消耗量及单价的确定方法

一、施工机械（仪表）台班消耗量的确定

信息通信建设工程施工中凡是单位价值在 2000 元以上，构成固定资产的机械、仪表，均给定了台班消耗量。

施工机械、仪表台班消耗量标准，是指以一台施工机械或仪表一天（8 小时）所完成合格产品数量作为台班产量定额，再以一定的机械幅度差来确定

单位产品所需要的机械（仪表）台班量。其计算公式为：

$$预算定额中施工机械台班消耗量 = \frac{1}{每台班产量}$$

例如：用一辆 5t 汽车起重吊车，立 9m 水泥杆，每台班产量为 25 根，则每根所需台班消耗量应为：

$$\frac{1}{4} = 0.04台班$$

机械（仪表）幅度差，是指按上述方法计算施工机械台班消耗量时，尚有一些因素未包括在台班消耗量内，需增加一定幅度，一般以百分率表示。造成幅度差的主要因素有：

1. 初期施工条件限制所造成的工效差；
2. 工程结尾时工程量不饱满，利用率不高；
3. 施工作业区内移动机械所需要的时间；
4. 工程质量检查所需要的时间；
5. 机械配套之间相互影响的时间。

二、施工机械（仪表）台班单价的确定

施工机械（仪表）台班单价是指单位台班中为使机械（仪表）正常运转所分摊和支出的各项费用。

（一）施工机械（仪表）台班单价的组成

施工机械（仪表）台班单价一般由七项费用组成，这些费用按性质分为不变费用和可变费用两大类。其中第一类不变费用是指分摊性质的费用。包括：折旧费、大修理费、经常修理费和机械（仪表）安拆费；第二类可变费用是指属于支出性质的费用。包括：燃料动力费、人工费、其他费用（车船使用税、保险费、年检费等）

（二）第一类费用的计算

1. 折旧费

折旧费是指施工机械（仪表）在规定的使用期限（即耐用总台班）内，陆续收回其原值及购置资金。

$$台班折旧费 = \frac{机械（仪表）价格 \times (1-残值率) \times 时间价值系数}{耐用总台班}$$

2．大修理费

大修理费是指施工机械（仪表）按规定的大修理间隔台班进行必要的大修理，以恢复其正常功能所需的费用。

$$台班大修理费 = \frac{一次大修理费 \times 寿命周期大修理次数}{耐用总台班}$$

3．经常修理费

经常修理费是指施工机械（仪表）除大修理以外的各级保养及临时故障排除所需的费用。包括为保障机械（仪表）正常运转所需替换设备与随机配备工具附具的摊销及维护费用，机械（仪表）运转及日常保养所需润滑与擦拭的材料费用，机械（仪表）停置期间的维护保养费用等。

$$台班经常修理费 = \frac{\sum(各级保养一次费用 \times 寿命周期各级保养次数)}{耐用总台班} +$$

$$\frac{临时故障排除费 + 替换设备台工具附具班摊销费 + 例保辅料费}{耐用总台班}$$

4．安拆费

安拆费是指施工机械（仪表）在现场安装与拆卸所需的人工、材料、机械和试运转费用以及辅助设施的折旧、搭建、拆除等费用。

$$台班安拆费 = \frac{机械（仪表）一次安拆费 \times 年平均安拆次数}{年工作台班}$$

（三）第二类费用的计算

1．燃料动力费

燃料动力费是指机械（仪表）在运转施工作业中所耗用的固体燃料（煤炭、木材）、液体燃料（汽油、柴油）、电力、水和风力等费用。

$$台班燃料动力费 = 台班燃料动力消耗量 \times 相应单价$$

2．人工费

人工费是指机械（仪表）上的操作人员的工作日人工费及上述人员在机械（仪表）规定的年工作台班以外的人工费。

$$台班人工费 = 人工消耗量 \times [1 + (年度工作日 - 年工作台班) / 年工作台班] \times 人工单价$$

3．其他费

其他费用包括车船使用税、保险费、年检费等。是指按国家和有关部门规定应缴纳的相关费用。

三、信息通信建设工程常见仪表台班单价定额见表 15-1。

表 15-1　信息通信建设工程仪表台班单价

编号	名称	规格（型号）	台班单价（元）
TXY0001	数字传输分析仪	155M/622M	1002
TXY0002	数字传输分析仪	2.5G	1956
TXY0003	数字传输分析仪	10G	2909
TXY0004	稳定光源（双窗口）		72
TXY0005	误码测试仪	2M	66
TXY0006	光可变衰耗器		99
TXY0007	光功率计		62
TXY0008	数字频率计		169
TXY0009	数字宽带示波器	20G	873
TXY0010	数字宽带示波器	50G	1956
TXY0011	光谱分析仪		626
TXY0012	多波长计		333
TXY0013	信令分析仪		257
TXY0014	协议分析仪		66
TXY0015	ATM 性能分析仪		1002
TXY0016	网络测试仪		105
TXY0017	PCM 通道测试仪		198
TXY0018	用户模拟呼叫器		626
TXY0019	数据业务测试仪		1193
TXY0020	漂移测试仪		1765
TXY0021	中继模拟呼叫器		742
TXY0022	光时域反射仪		306
TXY0023	偏振模色散测试仪		626
TXY0024	操作测试终端（电脑）		74
TXY0025	音频振荡器		72
TXY0026	音频电平表		80
TXY0027	射频功率计		127
TXY0028	天馈线测试仪		193
TXY0029	频谱分析仪		78
TXY0030	微波信号发生器		149
TXY0031	微波 / 标量网络分析仪		695

四、信息通信建设工程常见施工机械台班单价定额见表 15-2。

表 15-2 信息通信建设工程机械台班单价

编号	名称	规格（型号）	台班单价（元）
TXJ0001	光纤熔接机		168
TXJ0002	带状光纤熔接机		409
TXJ0003	电缆模块接续机		74
TXJ0004	交流电焊机	21kVA	58
TXJ0005	交流电焊机	30kVA	69
TXJ0006	汽油发电机	10kw	290
TXJ0007	柴油发电机	30kw	323
TXJ0008	柴油发电机	50kw	333
TXJ0009	电动卷扬机	3t	57
TXJ0010	电动卷扬机	5t	60
TXJ0011	汽车式起重机	5t	400
TXJ0012	汽车式起重机	8t	575
TXJ0013	汽车式起重机	16t	868
TXJ0014	汽车式起重机	25t	1052
TXJ0015	载重汽车	5t	154
TXJ0016	载重汽车	8t	220
TXJ0017	载重汽车	12t	294
TXJ0018	叉式起重车	3t	331
TXJ0019	叉式起重车	5t	401
TXJ0020	光缆接续车		242
TXJ0021	电缆工程车		574
TXJ0022	电缆拖车		69
TXJ0023	滤油机		57
TXJ0024	真空滤油机		247
TXJ0025	真空泵		120
TXJ0026	台式电钻机	Ø25mm	61
TXJ0027	立式钻床	Ø25mm	62
TXJ0028	金属切割机		54
TXJ0029	氧炔焊接设备		81
TXJ0030	燃油式路面切割机		121

续表

编号	名称	规格（型号）	台班单价（元）
TXJ0031	电动式空气压缩机	0.6m³/min	51
TXJ0032	燃油式空气压缩机	6m³/min	326
TXJ0033	燃油式空气压缩机（含风镐）	6m³/min	330
TXJ0034	污水泵		56
TXJ0035	抽水机		57
TXJ0036	夯实机		53
TXJ0037	气流敷设设备（含空气压缩机）		1449
TXJ0038	微管微缆气吹设备		1715
TXJ0039	微控钻孔敷管设备（套）	25 t 以下	1803
TXJ0040	微控钻孔敷管设备（套）	25 t 以上	2168
TXJ0041	水泵冲槽设备		417
TXJ0042	水下光（电）缆沟挖冲机		1682
TXJ0043	液压顶管机	5 t	348

第六节　措施项目费、间接费、利润和销项税额的确定方法

一、措施项目费的确定方法

（一）措施项目费的编制方法

1．经验估计法

经验估计法是根据定额员、技术员、生产管理人员和老工人的实际工作经验，对生产某一产品或完成某项工作所需的人工、机械（仪表）台班、材料数量进行分析、讨论和估算，并最终确定定额耗用量的一种方法。

2．统计计算法

统计计算法是一种运用过去统计资料确定定额的方法。

3．技术测定法

技术测定法是通过对施工过程的具体活动进行实地考察，详细记录工人和机械（仪表）的工作时间消耗、完成产品数量及有关影响因素，并将记录结果予以研究、分析，去伪存真，整理出可靠的原始数据资料，为制定定额

提供科学依据的一种方法。

4. 比较类推法

比较类推法也叫典型定额法。比较类推法是在相同类型的项目中，选择有代表性的典型项目，然后根据测定的定额用比较类推的方法编制其他相关定额的一种方法。

（二）信息通信建设工程措施项目费的确定方法

1. 文明施工费

$$文明施工费 = 人工费 \times 文明施工费费率$$

文明施工费费率按照工程专业不同分别计算。其计算公式为：

$$文明施工费费率（\%）= 本项费用年度平均支出 / （全年建安产值 \times 人工费占总造价比列）$$

目前，信息通信建设工程费用定额测定的文明施工费费率见表 16-1。

表 16-1　文明施工费费率

工程专业	费率（%）
无线通信设备安装工程	1.1
通信线路工程、通信管道工程	1.5
有线通信设备安装工程、电源设备安装工程	0.8

2. 工地器材搬运费

$$工地器材搬运费 = 人工费 \times 工地器材搬运费费率$$

工地器材搬运费费率按照工程专业不同分别计算，对于通信线路工程还要注意直埋、管道、架空三种敷设方式的不同，此项费用差别较大。其计算公式为：

$$工地器材搬运费费率（\%）= 本项费用年度平均支出 / （全年建安产值 \times 人工费占总造价比列）$$

目前，信息通信建设工程费用定额测定的工地器材搬运费费率见表 16-2.

表 16-2　工地器材搬运费费率

工程专业	费率（%）
通信设备安装工程	1.1
通信线路工程	3.4
通信管道工程	1.2

3. 工程干扰费

$$工程干扰费 = 人工费 \times 工程干扰费费率$$

工程干扰费的计算首先要考虑工程是否经过干扰地区，其次再考虑干扰地区施工的降效问题。其计算公式为：

工程干扰费费率（%）＝本项费用年度平均支出／（全年建安产值 × 人工费占总造价比列）

目前，信息通信建设工程费用定额测定的工程干扰费费率见表 16-3。

表 16-3　工程干扰费费率

工程专业	费率（%）
通信线路工程（干扰地区）、通信管道工程（干扰地区）	6.0
无线通信设备安装工程（干扰地区）	4.0

4. 工程点交、场地清理费

工程点交、场地清理费＝人工费 × 工程点交、场地清理费费率

工程点交、场地清理费费率按照工程专业不同分别计算。其计算公式为：

工程点交、场地清理费费率（%）＝本项费用年度平均支出／（全年建安产值 × 人工费占总造价比列）

目前，信息通信建设工程费用定额测定的工程点交、场地清理费费率见表 16-4。

表 16-4　工程点交、场地清理费费率

工程专业	费率（%）
通信设备安装工程	2.5
通信线路工程	3.3
通信管道工程	1.4

4. 临时设施费

临时设施费包括：临时宿舍、文化福利及公用事业房屋与构筑物、仓库、办公室、加工厂以及规定范围内的道路、水、电、管线等临时设施和小型临时设施。

临时设施费＝周转使用临建费＋一次性使用临建费＋其他临时设施费

（1）周转使用临建是指活动房屋等。其费用计算公式为：

$$周转使用临时费 =\sum\left[\frac{临时面积×每平方米造价}{使用年限×365×利用率（\%）}×工期（天）\right]＋一次性拆除费$$

（2）一次性使用临建是指简易建筑等。其费用计算公式为：

$$一次性使用临建费 =\sum 临建面积 × 每平方米造价 × [1-残值率（\%）]＋一次性拆除费$$

（3）其他临时设施是指临时管线等。其费用计算要充分考虑施工现场的实际情况以及工程本身施工需求综合取定。

目前，信息通信建设工程费用定额的临时设施费按施工现场与施工企业的距离划分为 35 公理以内和 35 公理以外两档，临时设施费 = 人工费 × 临时设施费费率。临时设施费费率见表 16-5。

表 16-5　临时设施费费率

工程专业	费率（%）	
	距离 ≦ 35Km	距离 ≧ 35Km
通信设备安装工程	3.8	7.6
通信线路工程	2.6	5.0
通信管道工程	6.1	7.6

6. 工程车辆使用费

工程车辆使用费 = 人工费 × 工程车辆使用费费率

工程车辆使用费费率按照工程专业不同分别计算。其计算公式为：

工程车辆使用费费率（%）= 本项费用年度平均支出 /（全年建安产值 × 人工费占总造价比列）

目前，信息通信建设工程费用定额测定的工程车辆使用费费率见表 16-6。

表 16-6　工程车辆使用费费率

工程专业	费率（%）
无线通信设备安装工程、通信线路工程	5.0
有线通信设备安装工程、电源设备安装工程、通信管道工程	2.2

7. 夜间施工增加费

夜间施工增加费 =（1 — 合同工期 / 定额工期）×（直接工程费中的人工费合计 / 平均日工资单价）× 每工日夜间施工费开支

夜间施工增加费的计算，一方面要考虑定额工期中由于工程施工条件限制需要夜间施工所增加的费用；其次要考虑建设单位要求的合同工期与定额工期不匹配带来的夜间施工所增加的费用。

目前，信息通信建设工程费用定额的夜间施工增加费 = 人工费 × 夜间施工增加费费率。夜间施工增加费费率见表 16-7。

表 16-7　夜间施工增加费费率

工程专业	费率（%）
通信设备安装工程	2.1
通信线路工程（城区部分）、通信管道工程	2.5

8. 冬雨季施工增加费

冬雨季施工增加费 = 人工费 × 冬雨季施工增加费费率

冬雨季施工增加费费率按照工程专业不同分别计算。其计算公式为：

冬雨季施工增加费费率（%）= 本项费用年度平均支出 /（全年建安产值 × 人工费占总造价比列）

目前，信息通信建设工程费用定额测定的冬雨季施工增加费费率按不同地区分别计算，具体情况见表 16-8、16-9。

表 16-8　冬雨季施工增加费费率

工程专业	费率（%）		
	Ⅰ	Ⅱ	Ⅲ
通信设备安装工程（室外部分）	3.6	2.5	1.8
通信线路工程、通信管道工程			

表 16-9　冬雨季施工地区分类表

地区分类	省、自治区、直辖市名称
Ⅰ	黑龙江、青海、新疆、西藏、辽宁、内蒙古、吉林、甘肃
Ⅱ	陕西、广东、广西、海南、浙江、福建、四川、宁夏、云南
Ⅲ	其他地区

9. 生产工具用具使用费

生产工具用具使用费 = 人工费 × 生产工具用具使用费费率

生产工具用具使用费费率按照工程专业不同分别计算。其计算公式为：

生产工具用具使用费费率（%）= 本项费用年度平均支出 /（全年建安产值 × 人工费占总造价比列）

目前，信息通信建设工程费用定额测定的生产工具用具使用费费率见表 16-10。

表 16-10　生产工具用具使用费费率

工程专业	费率（%）
通信设备安装工程	0.8
通信线路工程、通信管道工程	1.5

10．施工用水电蒸汽费

施工用水电蒸汽费可依照工程本身施工工艺要求计算。

11．特殊地区施工增加费

特殊地区施工增加费＝特殊地区补贴金额 × 总工日

特殊地区补贴金额可按照工程所在地政府指导价或施工企业完成施工任务实际发生的金额计算。

12．已完工程及设备保护费

已完工程及设备保护费＝成品保护所需要的（机械费 + 仪表费 + 材料费 + 人工费）

目前，信息通信建设工程费用定额的已完工程及设备保护费＝人工费 × 已完工程及设备保护费费率。已完工程及设备保护费费率见表16-11。

表 16-11　已完工程及设备保护费费率

工程专业	费率（%）
通信线路工程	2.0
通信管道工程	1.8
无线通信设备安装工程	1.5
有线通信及电源设备安装工程（室外部分）	1.8

13．运土费

运土费＝运土的工程量（吨·千米）× 运费单价（元 / 吨·千米）。

运土的工程量按工程实际需要量计算，运费单价按工程所在地运价计算。

14．施工队伍调遣费

施工队伍调遣费＝调遣人员的差旅费 + 调遣期间的工资 + 施工工具与用具等的运费

目前，信息通信建设工程费用定额的施工队伍调遣费的计算方法为：

（1）施工现场与企业的距离在 35km 以内时，不计取此项费用。

（2）施工现场与企业的距离大于 35km 时，施工队伍调遣费＝单程调遣费定额 × 调遣人数 ×2

表 16-12　施工队伍单程调遣费定额表

调遣里程（L）（Km）	调遣费（元）	调遣里程（L）（Km）	调遣费（元）
35<L ≦ 100	141	1600<L ≦ 1800	634
100<L ≦ 200	174	1800<L ≦ 2000	675
200<L ≦ 400	240	2000<L ≦ 2400	746

续表

调遣里程（L）（Km）	调遣费（元）	调遣里程（L）（Km）	调遣费（元）
400<L ≦ 600	295	2400<L ≦ 2800	918
600<L ≦ 800	356	2800<L ≦ 3200	979
800<L ≦ 1000	372	3200<L ≦ 3600	1040
1000<L ≦ 1200	417	3600<L ≦ 4000	1203
1200<L ≦ 1400	565	4000<L ≦ 4400	1271
1400<L ≦ 1600	598	L>4400Km 后，每增加 200Km 增加调遣费	48

表 16-13　施工队伍调遣人数定额表

通信设备安装工程			
概（预）算技工总工日	调遣人数（人）	概（预）算技工总工日	调遣人数（人）
500 工日以下	5	4000 工日以下	30
1000 工日以下	10	5000 工日以下	35
2000 工日以下	17	5000 工日以上，每增加 1000 工日增加调遣人数	3
3000 工日以下	24		
通信线路、通信管道工程			
概（预）算技工总工日	调遣人数（人）	概（预）算技工总工日	调遣人数（人）
500 工日以下	5	9000 工日以下	55
1000 工日以下	10	10000 工日以下	60
2000 工日以下	17	15000 工日以下	80
3000 工日以下	24	20000 工日以下	95
4000 工日以下	30	25000 工日以下	105
5000 工日以下	35	30000 工日以下	120
6000 工日以下	40	30000 工日以上，每增加 5000 工日增加调遣人数	3
7000 工日以下	45		
8000 工日以下	50		

15．大型施工机械调遣费

大型施工机械调遣费 = 调遣用车运价 × 调遣运距 ×2

信息通信建设工程常用的大型施工机械、吨位以及运价见表 16-14、16-15。

表 16-14 大型施工机械及其吨位

机械名称	吨位	机械名称	吨位
混凝土搅拌机	2	水下光（电）缆沟挖冲机	6
电缆拖车	5	液压顶管机	5
微管微缆气吹设备	6	微控钻孔敷管设备（25t 以下）	8
气流敷设吹缆设备	8	微控钻孔敷管设备（25t 以上）	12
回旋钻机	11	液压钻机	15
型纲剪断机	4.2	磨钻机	0.5

表 16-15 调遣用车吨位及运价表

名称	吨位	运价（元 / 千米）	
		单程运距 <100Km	单程运距 >100Km
工程机械运输车	5	10.8	7.2
工程机械运输车	8	13.7	9.1
工程机械运输车	15	17.8	12.5

二、间接费、利润和销项税额的确定方法

（一）间接费计算的基础数据

间接费的各项费用支出受许多因素的影响，首先要合理地确定间接费的基础数据指标，这些数据指标包括：

1. 全员劳动生产率

指施工企业的每个成员每年平均完成的建筑安装工程的货币工作量。在确定全员劳动生产率时，要对施工企业的实际资料进行分析整理，即要考虑施工企业过去 2 到 3 年的实际完成水平，又要考虑价格变动因素对完成建筑安装工作量的影响，重点分析自行完成建筑安装工作量和企业全员人数，以便把劳动生产率切实建立在可靠的基础上。

$$全员劳动生产率 = \frac{年度自行完成建筑安装工程工作量}{年平均在册人数}$$

2. 非生产人员比例

指非生产人员占施工企业职工总数的比例，非生产人员包括企业的政工、经济、技术、后勤人员。

3. 工资标准

指施工企业建筑安装生产工人的日平均标准工资和工资性质的津贴与非

生产人员的日平均标准工资和工资性津贴。工资性津贴主要指房贴、副食补贴、冬季取暖补贴和交通补贴等。

4. 间接费年开支额

根据施工企业的实际情况进行统计分析，确定出建筑安装工人每人平均的间接费开支额。

（二）间接费的计算方法

间接费的计算，一般按取费基数的不同分为：以直接费为计算基础；以人工费、机械和仪表费合计为计算基础；以人工费为计算基础三种。

以人工费为计算基础的计算公式为：

$$间接费 = 人工费合计 \times 间接费费率（\%）$$

$$间接费费率（\%）= 规费费率（\%）+ 企业管理费费率（\%）$$

$$规费费率（\%）= \frac{\sum 基数规费交纳标准 \times 第万元发承包价}{所含规费缴纳标准的各项} \times 100\%$$

$$规费费率（\%）= \frac{所含规费缴纳标准的各项}{每万元发承包价中的人工费含量} \times 100\%$$

$$企业管理费费率（\%）= \frac{生产工人年平均管理费}{年有效施工天数 \times 人工单价} \times 100\%$$

（三）信息通信行业间接费定额标准

工程排污费根据施工所在地政府部门相关规定外，其他项目的计算基础均以人工费为基础，取费费率见表 16-16。

表 16-16　间接费取费费率

费用名称	计算基础	费率（%）
社会保障费	人工费	28.50
住房公积金		4.19
危险作业意外伤害保险费		1.00
企业管理费		27.40

（四）利润的确定方法

$$利润 = 计算基础 \times 相应利润率$$

其中：计算基础可以选择直接工程费 + 措施费 + 间接费、人工费 + 机械使用费 + 仪表使用费、人工费等方式。

相应利润率参照各行业的收入情况确定。信息通信工程行业定额采用的计算基础是人工费，利润率为 20%。

（五）销项税额

销项税额＝（人工费＋乙供主材费＋辅材费＋机械使用费＋仪表使用费＋措施费＋规费＋企业管理费＋利润）×11%＋甲供主材费×适用费率

其中，乙供主材指建筑服务方提供的材料；甲供主材适用税率指材料采购税率。

第七节　工程建设其他费用的确定方法

工程建设其他费用中的每一项都是独立的费用项目，标准的编制和表现形式也都不尽相同。应该按照国家统一规定的编制原则、费用内容、项目划分和计算方法，分别由国家各有关归口管理部门和各省、市、自治区依照行业特点和工程的具体情况，具体问题具体分析，细算粗编。在具体编制概预算时，应按照发生的计列，不发生的不计列的原则进行编制和管理。目前，对于信息通信行业发布的工程建设其他费用定额来说，具体的计算方法如下：

一、固定资产费用

（一）项目建设管理费

项目建设管理费一般是用于建设单位人员在工程建设管理过程中所发生的相关费用，因此各建设单位可结合自身实际情况制定项目建设管理费取费规则及标准。目前项目建设管理费的计取主要是根据《关于印发＜基本建设项目建设成本管理规定＞的通知》（财建［2016］504号）。

如建设项目采用工程总承包方式，其总包管理费由建设单位与总包单位根据总包工作范围在合同中商定、从建设单位管理费中列支。

（二）可行性研究费

根据《国家发展改革委关于进一步放开建设项目专业服务价格的通知》（发改价格［2015］299号）文件的要求，可行性研究服务收费实行市场调节价。

（三）研究试验费

1.根据建设项目研究试验内容和要求进行编制。

2.研究试验费不包括以下项目：

(1)应由科技三项费用（即新产品试制费、中间试验费和重要科学研究补助费）开支的项目；

(2)应在建筑安装费用中列支的施工企业对材料、构件进行一般鉴定、检查所发生的费用及技术革新的研究试验费；

(3)应由勘察设计费或工程费中开支的项目。

（四）勘察设计费

根据《国家发展改革委关于进一步放开建设项目专业服务价格的通知》（发改价格〔2015〕299号）文件的要求，勘察设计服务收费实行市场调节价。

勘察设计费一般可采用以下方法计算：

1. 系数法

系数法是指按照建设项目造价中的某一造价值为基数，乘以相应系数。比如由原国家计委与原建设部发布的《工程勘察设计收费管理规定》（计价格〔2002〕10号）中信息通信建设工程的设计标准。

2. 实物工程量法

实物工程量法是指完成规定的工作内容所消耗的人力和物力，乘以相应的单价。比如信息通信建设工程在1992年发布的《工程勘察和工程设计收费标准》。

（五）环境影响评价费

根据《国家发展改革委关于进一步放开建设项目专业服务价格的通知》（发改价格〔2015〕299号）文件的要求，环境影响咨询服务收费实行市场调节价。

（六）建设工程监理费

根据《国家发展改革委关于进一步放开建设项目专业服务价格的通知》（发改价格〔2015〕299号）文件的要求，建设工程监理服务收费实行市场调节价，可参照相关标准作为计价基础。

1. 建设工程监理费取费标准的演进

关于工程监理费计费的最初文件由原国家物价局和原建设部于1992年印发的《关于发布工程建设监理费有关规定的通知》（价费字〔1992〕479号），自1992年10月1日起施行，规定工程监理费按照所监理工程概（预）算的百分比计收或者按照参与监理工作的年度平均人数计算：3.5万元

/人·年~5万元/人·年。以上两项规定的工程建设监理收费标准为指导性价格，由建设单位和监理单位在规定的幅度内协商确定。

发改价格〔2007〕670号文对不同投资规模、不同专业工程和不同工程复杂程度的工程监理费计取比较完整、系统，计费方法比较合理。

2011年3月16日，国家发展改革委发布的《关于降低部分建设项目收费标准规范收费行为等有关问题的通知》（发改价格〔2011〕534号）中规定，工程监理收费，对依法必须实行监理的计费额在1000万元及以上的建设工程施工阶段的收费实行政府指导价，收费标准按发改价格〔2007〕670号文件的规定执行；其他工程施工阶段的监理收费和其他阶段的监理与相关服务收费实行市场调节价，即依法必须监理的1000万元以下工程监理费实行市场调节价。该通知自2011年5月1日起执行。

2014年7月10日，国家发展改革委印发的《关于放开部分建设项目服务收费标准有关问题的通知》（发改价格〔2014〕1573号）中规定，"放开除政府投资项目及政府委托服务以外的建设项目前期工作咨询、工程勘察设计、招标代理、工程监理等4项服务收费标准，实行市场调节价。采用直接投资和资本金注入的政府投资项目，以及政府委托的上述服务收费，继续实行政府指导价管理，执行规定的收费标准"，即放开政府投资项目或政府委托服务以外的4项服务收费标准（包括工程监理费），实行市场调节价。该通知自2014年8月1日起执行。

2015年2月11日，国家发展改革委印发《关于进一步放开建设项目专业服务价格的通知》（发改价格〔2015〕299号）（以下简称"发改价格〔2015〕299号文"）。该通知自2015年3月1日起执行。该通知规定"在已放开非政府投资及非政府委托的建设项目专业服务价格的基础上，全面放开以下实行政府指导价管理的建设项目专业服务价格，实行市场调节价"，其中包括"（四）工程监理费"，即自2015年3月1日起，工程监理执行市场调节价，遵守价格法；还规定"此前与本通知不符的有关规定，同时废止"。

2016年1月1日，国家发展改革委令第31号决定废止《关于〈建设项目进行可行性研究的试行管理办法〉的通知》等30件规章和《关于试行加强基本建设管理几个规定的通知》等1032件规范性文件，其中包括发改价格〔2007〕670号文。

2. 信息通信工程监理服务计费规则

该标准由中国通信企业协会团体标准管理委员会提出并归口，中国通信企业协会（通信工程建设分会）、工业和信息化部通信工程定额质监中心主编，适用于信息通信建设工程监理服务的计费活动。

标准将信息通信建设工程监理服务总费用分为三类监理服务费，包括工程施工阶段监理服务费、相关服务费、其他服务费，计算公式：

信息通信建设监理费＝（施工阶段监理费＋相关服务费＋其他服务费）×（1+适用税率），

具体构成如下：

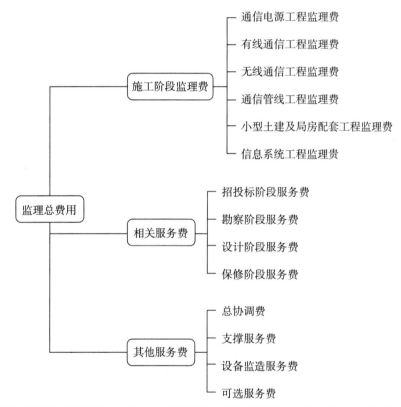

明确了各阶段服务内容、计费单元、计费单元对应的综合单价以及相关服务费用的取费费率等。

（1）施工阶段监理费计算公式如下：

施工阶段监理费＝Σ（综合单价 × 计费单元数量 × 附加调整系数）

综合单价包含施工阶段人工费、车辆仪表使用费、企业管理费、利润。

（2）相关服务的服务费用计算

招投标阶段服务费用，以采购招标代理费为基数，综合费率取定10%，计算公式如下：

招标阶段服务费用＝招标代理费×10%

勘察阶段服务费用，以勘察费用为基数，综合费率取定7%，计算公式如下：

$$勘察阶段服务费用 = 勘察费 \times 7\%$$

设计阶段服务费用，以设计费用为基数，综合费率取定 8%，计算公式如下：

$$设计阶段服务费用 = 设计费 \times 8\%$$

保修阶段服务费用，以施工阶段监理费为基数，综合费率取定 7%，计算公式如下：

$$保修阶段服务费用 = 施工阶段监理费 \times 7\%$$

（3）信息通信建设工程其他服务费用计费规则

支撑服务费用计算公式

支撑服务费用 = Σ（服务人员人工日费用标准 × 工日），其中服务人员人工日费用标准见附表九。

设备监造费用计算公式

设备监造服务费用 = Σ（服务人员人工日费用标准 × 工日），其中服务人员费用级别及费用标准详见附表九。

总协调费用计算公式

$$总协调费用 = 监理人合计监理服务收费额 \times 5\%。$$

可选服务费用，根据合同约定包含的服务内容取定相应费用。

资源录入费用，以施工阶段监理费为计费基数，综合费率取定 3%，计算公式如下：资源录入费用 = 项目施工阶段监理费 × 3%。

其他类可选服务计算公式：可选服务费用 = 项目数 × 服务综合单价，不同类别可选服务综合单价标准：

配合审计服务综合单价：2000 元

配合环评服务综合单价：1200 元

资产转固服务综合单价：1000 元

质监申报服务综合单价：270 元

验收备案服务综合单价：270 元

工程决算项目关闭服务综合单价：1000 元

项目管理系统平台填报维护服务综合单价：1200 元

项目资料归档服务综合单价：1000 元

可选服务与支撑服务有交叉重叠时以其中一项计费规则为准，不重复计取。

除以上项目外的其他服务若有涉及，费用由合同双方协商确定。

（七）安全生产费

参照《关于印发〈企业安全生产费用提取和使用管理办法〉的通知》财企〔2012〕16号文规定执行。

目前，对于信息通信建设工程来讲，在编制各种工程造价文件时，关于安全生产费的问题应注意以下几点：

1．通信工程建设项目进行招标时，招标文件应当单列安全生产费清单，并明确安全生产费不得作为竞争性报价。

2．安全生产费按建筑安装工程费的2.0%计取。

3．施工单位提取的安全生产费用列入工程造价，在竞标时不得删减，应列入标外管理。

4．工程总承包单位应当将安全生产费用按比例直接支付分包单位并监督使用，分包单位不再重复提取。

5．施工企业安全生产费的使用范围：

（1）完善、改造和维护安全防护设施设备支出（不含"三同时"要求初期投入的安全设施），包括施工现场临时用电系统、洞口、临边、机械设备、高处作业防护、交叉作业防护、防火、防爆、防尘、防毒、防雷、防台风、防地质灾害、地下工程有害气体监测、通风、临时安全防护等设施设备支出；

（2）配备、维护、保养应急救援器材、设备支出和应急演练支出；

（3）开展重大危险源和事故隐患评估、监控和整改支出；

（4）安全生产检查、评价（不包括新建、改建、扩建项目安全评价）、咨询和标准化建设支出；

（5）配备和更新现场作业人员安全防护用品支出；

（6）安全生产宣传、教育、培训支出；

（7）安全生产适用的新技术、新标准、新工艺、新装备的推广应用支出；

（8）安全设施及特种设备检测检验支出；

（9）其他与安全生产直接相关的支出。

（八）引进技术和引进设备其他费

1．引进项目图纸资料翻译复制费：根据引进项目的具体情况计列或按引进设备到岸价的比例估列。

2．出国人员费用：依据合同规定的出国人次、期限和费用标准计算。生活费及制装费按照财政部、外交部规定的现行标准计算，旅费按中国民航公布的国际航线票价计算。

3.来华人员费用：应依据引进合同有关条款规定计算。引进合同价款中已包括的费用内容不得重复计算。来华人员接待费用可按每人次费用指标计算。

4.银行担保及承诺费：应按担保或承诺协议计取。

（九）工程保险费

1．不投保的工程不计取此项费用。

2．不同的建设项目可根据工程特点选择投保险种，根据投保合同计列保险费用。

（十）工程招标代理费

根据《国家发展改革委关于进一步放开建设项目专业服务价格的通知》（发改价格〔2015〕299号）文件的要求，工程招标代理服务收费实行市场调节价。

二、无形资产费用

（一）建设用地及综合赔补费

1.根据应征建设用地面积、临时用地面积，按建设项目所在省、市、自治区人民政府制定颁发的土地征用补偿费、安置补助费标准和耕地占用税、城镇土地使用税标准计算。

2.建设用地上的建（构）筑物如需迁建，其迁建补偿费应按迁建补偿协议计列或按新建同类工程造价计算。

（二）专利及专用技术使用费

1.按专利使用许可协议和专有技术使用合同的规定计列；

2.专有技术的界定应以省、部级鉴定机构的批准为依据；

3.项目投资中只计取需要在建设期支付的专利及专有技术使用费。协议或合同规定在生产期支付的使用费应在成本中核算。

三、其他资产费用

生产准备及开办费

新建项目按设定定员为基数计算，改扩建项目按新增设计定员为基数计算：

生产准备费＝设计定员 × 生产准备费指标（元／人）

生产准备及开办费指标由投资企业自行测算。此项费用列入运营费。

第八节　预备费及建设期货款利息的确定方法

一、预备费的确定方法

（一）预备费的一般确定方法

1. 基本预备费

基本预备费一般是以建设项目的工程费用和工程建设其他费用之和为基础，乘以基本预备费率进行计算。基本预备费率的大小，应根据建设项目的设计阶段和具体的设计深度，以及在计算中所采用的各项计算指标与设计内容的贴近程度、项目所属行业主管部门的具体规定确定。

2. 价差预备费

价差预备费一般是根据国家规定的投资综合价格指数，按计算年份价格水平的投资额为基数，根据价格变动趋势，预测价值上涨率，采用复利方法计算。

（二）信息通信建设工程费用定额中预备费的计取

信息通信建设工程费用定额目前不分基本预备费和价差预备费，按照预备费＝（工程费＋工程建设其他费）×预备费费率计算，预备费费率根据工程专业取定，具体工程预备费费率见表 18-1。

表 18-1　预备费费率表

工程专业	费率（%）
通信设备安装工程	3.0
通信线路工程	4.0
通信管道工程	5.0

二、建设期利息的确定方法

建设期利息一般是根据建设期资金用款计划，可按当年借款在当年年中支用考虑，即当年借款按半年计息，上年借款按全年计息。利用国外贷款的利息计算中，年利率应综合考虑贷款协议中向贷款方加收的手续费、管理费、承诺费；以及国内代理机构向贷款方收取的转贷费、担保费和管理费等。

第四章 建设项目立项阶段工程造价的确定

第一节 建设项目前期决策与工程造价

一、建设工程项目决策的含义

建设工程项目投资决策是选择和决定投资行动方案的过程，是对拟建项目的必要性和可行性进行技术经济论证，对不同建设方案进行技术经济比较选择及做出判断和决定的过程。建设工程项目投资决策是投资行动的准则，正确的项目投资行动来源于正确的项目投资决策。由此可见，项目决策正确与否，直接关系到项目建设的成败，关系到工程造价的高低及投资效果的好坏。正确决策是合理确定与控制工程造价的前提。

二、建设项目决策与工程造价的关系

（一）项目决策的正确性是工程造价合理性的前提

项目决策正确，意味着对项目建设做出科学的决断，以及在建设的前题下，优选出最佳投资行动方案，达到资源的合理配置。这样才能合理地估计和计算工程造价，并且在实施最优投资方案过程中，有效地控制工程造价。项目决策失误，主要体现在不该建设的项目进行投资建设，或者项目建设地点的选择错误，或者投资方案的确定不合理等。诸如此类的决策失误，会直接带来不必要的资金投入和人力、物力及财力的浪费，甚至造成不可弥补的损失。在这种情况下，合理地进行工程造价的确定与控制已经毫无意义了。因此，要达到工程造价的合理性，事先就要保证项目决策的正确性，避免决策失误。

（二）项目决策的内容是决定工程造价的基础

工程造价的确定与控制贯穿于项目建设全过程，但决策阶段各技术经济决策，对该项目的工程造价有重大影响，特别是建设标准水平的确定、建设地点的选择、工艺的评选、设备选用等，直接关系到工程造价的高低。据有关资料统计，在项目建设各大阶段中，投资决策阶段影响工程造价的程度最高，因此，决策阶段项目决策的内容是决定工程造价的基础，直接影响着决策阶段之后的各个建设阶段工程造价的确定与控制是否科学、合理的问题。

（三）造价高低、投资多少也影响项目决策

决策阶段的投资估算是进行投资方案选择的重要依据之一，同时也是决定项目是否可行及主管部门进行项目审批的参考依据。

（四）项目决策的深度影响投资估算的精确度，也影响工程造价的控制效果

投资决策过程，是一个由浅入深、不断深化的过程，依次分为若干工作阶段，不同阶段决策的深度不同（见附表19-1），投资估算的精确度也不同。如投资机会及项目建议书阶段，是初步决策的阶段，投资估算的误差率一般在 ±30% 左右；而详细可行性研究阶段，是最终决策阶段，投资估算误差一般在 ±10% 以内。另外，由于在项目建设各阶段中，即决策阶段、初步设计阶段、技术设计阶段、施工图设计阶段，工程招投标及承发包阶段，施工阶段，以及竣工验收阶段，通过工程造价的确定与控制，相应形成投资估算、设计概算、修正概算、施工图预算、承发包合同价、结算价及竣工决算。这些造价形式之间存在着前者控制后者，后者补充前者这样的相互作用关系。按照"前者控制后者"的制约关系，意味着投资估算对其后面的各种形式造价起着制约作用，作为限额目标。由此可见，只有加强项目决策的深度，采用科学的估算方法和可靠的数据资料，合理地计算投资估算，保证投资估算打足，才能保证其他阶段的造价被控制在合理范围，使投资目标能够实现，避免"三超"现象的发生。

附表 19-1 可行性研究的阶段划分及内容深度比较

工作阶段	机会研究	初步可行性研究	可行性研究	评估与决策
工作性质	项目设想	项目初选	项目拟定	项目评估
工作内容	鉴别投资方向，寻找投资机会（地区、行业、资源和项目的机会研究），提出项目投资建议。	对项目作专题辅助研究，广泛分析、筛选方案，确定项目的初步可行性。	对项目作深入细致的技术经济论证，重点对项目进行财务效益和经济效益分析评价，多方按比较，提出结论性意见，确定项目投资的可行性和选择依据标准。	综合分析各种效益，对可行性研究报告进行评估与审核，分析判断可行性研究的可靠性和真实性，对项目作出最终决策。
工作成果及作用	提出项目建议，作为制定经济计划和编制项目建议的基础，为初步选择投资项目提供依据。	编制初步可行性研究报告，判定是否有必要进行下一步研究，进一步判明建设项目的生命力。	编制可行性研究成果。作为项目投资决策的基础和重要依据。	提出项目评估报告，为投资决策提供最后的依据，决定项目取舍和选择最佳投资方案。

三、建设项目决策阶段影响工程造价的主要因素

（一）项目合理规模的确定

项目合理规模的确定，就是要合理选择拟建项目的生产规模，解决"生产多少"的问题。每一个建设项目都存在着一个合理规模的选择问题。生产规模过小，使得资源得不到有效配置，单位产品成本较高，经济效益低下；生产规模过大，超过了项目产品市场的需求量，则会导致开工不足、产品积压或降价销售，致使项目经济效益也会低下。因此，项目规模的合理选择问题关系着项目的成败，决定着工程造价支出的有效与否。

（二）建设标准水平的确定

建设标准的主要内容有：建设规模、占地面积、工艺装备、建筑标准、配套工程、劳动定员等方面的标准或指标。建设标准是编制、评估、审批项目可行性研究的重要依据，是衡量工程造价是否合理及监督检查项目建设的客观尺度。

建设标准能否起到控制工程造价、指导建设的作用，关键在于标准水平订得是否合理。标准水平订得过高，会脱离我国的实际情况和财力、物力的承受能力，增加造价，浪费投资；标准水平订得过低，将会妨碍技术进步，影响国民经济的发展和人民生活的改善。因此，建设标准水平应从我国目前

的经济发展水平出发，区别不同地区、不同规模、不同等级、不同功能合理确定。大多数项目应采用中等适用的标准，对少数引进国外先进技术和设备的项目或少数有特殊要求的项目，标准可适当高些。一般来说，在建设标准的选择上，应坚持适用、经济、安全、朴实的原则。建设项目标准中的各项规定，能定量的应尽量给出指标，不能规定指标的要有定性的原则要求。

（三）建设地区及建设地点的选择

一般情况下，确定某个建设项目的具体地址，需要经过建设地区选择和建设地点选择这样两个不同层次的、相互联系又相互区别的工作阶段。这两个阶段是一种递进关系。其中，建设地区选择是指在几个不同地区之间对拟建项目适宜配置在哪个区域范围的选择；建设地点选择是指对项目具体坐落位置的选择。

（四）生产工艺和平面布置方案确定

1. 生产工艺方案的确定

生产工艺是指生产产品所采用的工艺流程和制作方法。工艺流程是指投入物（原料或半成品）经过有次序的生产加工，成为产出物（产品或加工品）的过程。评价及确定拟采用的工艺是否可行，主要有两项标准先进适用和经济合理。

（1）先进适用。这是评定工艺的最基本的标准。先进与适用，是对立的统一。保证工艺的先进是首先要满足的，它能够带来产品质量、生产成本的优势。但是不能单独强调先进而忽视适用，还要考察工艺是否符合我国国情和国力，是否符合我国的技术发展政策。

（2）经济合理。经济合理是指所用的工艺应能以最小的消耗获得最大的经济效果，要求综合考虑所用工艺所能产出的经济效益和国家的经济承受能力。在可行性研究中可能提出几种不同的工艺方案，各方案的劳动需要量、能源消耗量、投资数量等可能不同，在产品质量和产品成本等方面可能也有差异，因而应反复进行比较，从中挑选最经济合理的工艺。

2. 平面布置方案的设计

平面布置方案设计，是根据拟建项目的生产性质、规模和生产工艺要求，结合建设项目所在地的自然、气候、地形、地质，以及项目内外运输、公用设施和项目间的各种协作等具体条件，执照原料进入到成品产出的整个生产工艺过程，对生产项目、辅助生产设施及其他建筑物和构筑物等进行经济合理的布置，以及对交通运输进行组织布置的规划设计工作。平面布置是否合理，在经济上将直接影响项目投资和生产费用，以及劳动生产率。正确合理的平面布置设计方案。能够做到工艺流程合理、总体布置紧凑，减少建筑工程量，节约用地，减少项目投资，加快建设进度，并且能使项目建成后较快地投入正常生产，发挥良好的投资效益，节省经营管理费用。

（五）设备的选用

在设备选用中，应注意处理好以下问题：

1. 要尽量选用国产设备；
2. 要注意进口设备之间以及国内外设备之间的衔接配套问题；
3. 要注意新进设备与原有设备、厂房之间的配套问题；
4. 要注意设备与原材料、备品备件及维修能力之间的配套问题；
5. 使用技术资料（即所谓"软件"）应注意的问题。

第二节　建设项目投资估算的编制与审核

投资估算是项目决策的重要依据之一。在整个投资决策过程中，要对建设工程造价进行估算，在此基础上研究是否建设。投资估算要保证必要的准确性，如果误差太大，必将导致决策的失误。因此，准确、全面地估算建设项目的工程造价，是项目可行性研究乃至整个建设项目投资决策阶段造价管理的重要任务。

一、投资估算概述

（一）投资估算的阶段划分

投资估算是指在整个投资决策过程中，依据现有的资料和一定的方法，对建设项目的投资数额进行的估计。

由于投资决策过程可进一步划分为投资机会研究及项目建议书阶段、初步可行性研究阶段、详细可行性研究阶段，所以投资估算工作也相应分为三个阶段。不同阶段所具备的条件和掌握的资料不同，因而投资估算的准确程度不同，进而每个阶段投资估算所起的作用也不同。但是，随着阶段的不断发展，调查研究不断深入，掌握的资料越来越丰富，投资估算逐步准确，其所起的作用也越来越重要。

1. 投资机会研究及项目建议书阶段的投资估算

这一阶段主要是选择有利的投资机会，明确投资方向，提出概略的项目投资建议,并编制项目建议书。该阶段工作比较粗略,投资额的估计一般是通过与已建类似项目的对比得来的,因而投资估算的误差率可在 ±30% 左右。

这一阶段的投资估算是作为领导部门审批项目建议书、初步选择投资项目的主要依据之一,对初步可行性研究及投资估算起指导作用。

2. 初步可行性研究阶段的投资估算

这一阶段主要是在投资机会研究结论的基础上,进一步弄清项目的投资规模、原材料来源、工艺技术、建设地址、组织机构和建设进度等情况,进行经济效益评价,判断项目的可行性,做出初步投资评价。该阶段是介入投资机会研究和详细可行性研究之间的中间阶段,投资估算的误差率一般要求控制在 ±20% 左右。

这一阶段的投资估算是作为决定项目是否进行详细可行性研究的依据之一,同时也是确定哪些关键问题需要进行辅助性专题研究的依据之一。

3. 详细可行性研究阶段的投资估算

详细可行性研究阶段主要是进行全面、详细、深入的技术经济分析论证阶段,要评价选择拟建项目的最佳投资方案,对项目的可行性提出结论性意见。该阶段研究内容详尽,投资估算的误差率应控制在 ±10% 以内。

这一阶段的投资估算是进行详尽经济评价、决定项目可行性、选择最佳投资方案的主要依据,也是编制设计文件,控制初步设计及概算的主要依据。

(二)投资估算的内容

从体现建设项目投资规模的角度,根据工程造价的构成,建设项目投资的估算包括固定资产投资估算和铺底流动资金估算。

固定资产投资估算的内容按照费用的性质划分,包括设备及工器具购置费、建筑安装工程费、工程建设其他费、预备费、建设期贷款利息。

除了建设期贷款利息、涨价预备费之外,上述其他费用的估算构成了固定资产静态投资估算。

铺底流动资金的估算是项目总投资估算中的一部分。它一般是项目投产后所需的流动资金的 30%。

二、投资估算的编制方法

建设项目投资估算要根据主体专业设计的阶段和深度,结合各自行业的特点,所采用生产工艺流程的成熟性以及编制者所掌握的国家及地区、行业或部门相关投资估算基础资料和数据的合理、可靠、完整程度，采用的编制方法都是不同的。项目建议书阶段，投资估算的精度低，可采用简单的匡算法，如生产能力指数法、系数估算法、比例估算法、混合法、指标估算法等。在可行性研究阶段，投资估算精度要求高，需要采用相对详细的投资估算方法，如指标估算法。

（一）项目建议书阶段的投资估算

由于项目建议书阶段，是初步决策的阶段，对项目还处在概念性的理解，因此，投资估算的编制方法大多采用的是静态投资估算法。静态投资估算法一个很重要的环节是要按某一确定的时间来进行，一般以开工的前一年为基准年，以这一年的价格为依据计算，否则就会失去基准作用，影响投资估算的准确性。

1. 资金周转率法

这是一种用资金周转率来推测投资额的简便方法。其公式为：

资金周转率 = 年销售总额 / 部投资 = 产品的年产量 * 产品单价 / 总投资

投资额 = 产品的年产量 * 产品单价 / 资金周转率

拟建项目的资金周转率可以根据已建相似项目的有关数据进行估计，然后再根据拟建项目的预计产品的年产量及单价，进行估算拟建项目的投资额。

这种方法比较简便，计算速度快，但精确度较低，可用于投资机会研究及项目建议书阶段的投资估算。

2. 生产能力指数法

这种方法是根据已建成的类似项目生产能力和投资额来粗略估算拟建建设项目投资额的方法。本办法主要应用于设计深度不足，拟建建设项目与已建成类似建设项目的规模不同，设计定型并系列化，行业内相关指标数和系数等基础资料完备的情况。其计算公式为：

$$C_2 = C_1 \times (Q_2 / Q_1)^n \times f$$

式中：C_1—已建类似项目的投资额；

C_2—拟建项目的投资额；

Q_1—已建类似项目的生产能力；

Q_2—拟建项目的生产能力；

f—不同时期、不同地点的定额、单价、费用变更等的综合调整系数；

n—生产能力指数，$0 \leq n \leq 1$。

若已建类似项目的规模和拟建项目的规模相差不大，生产规模比值在 $0.5 \sim 2$ 之间，则指数 n 的取值近似为 1。

若已建类似项目与拟建项目的规模相差不大于50倍，且拟建项目规模的扩大仅靠增大设备规模来达到时，则n取值约在0.6～0.7之间；若是靠增加相同规格设备的数量达到时，n的取值约在0.8～0.9之间。

采用这种方法，计算简单、速度快；但要求类似工程的资料可靠，条件基本相同，否则误差就会增大。

3．比例估算法

比例估算法又分为两种。

（1）以拟建项目的设备费为基数，根据已建成的同类项目的建筑安装费和其他工程费用等占设备价值的百分比，求出相应的建筑安装费及其他工程费用等，再加上拟建项目的其他有关费用，其总和即为项目的投资。

（2）以拟建项目中的最主要、投资比重较大并与生产能力直接相关的工艺设备的投资（包括运杂费及安装费）为基数，根据同类型的已建项目的有关统计资料，计算出拟建项目的各专业工程占工艺设备投资的百分比，据以求出各专业的投资，然后把各部分投资费用相加求和，再加上工程建设其他有关费用，即为项目的总费用。

4．系数估算法

这种方法是以设备费为基础，乘以适当系数来推算项目的建设费用。这种方法比较简单，但没有考虑设备规格、材质的差异，所以精确度不高。

5．指标估算法

这种方法是根据编制的各种具体的投资估算指标，进行单位工程投资估算。投资估算指标的表示形式较多，如以元/公里、元/立方米、元/单元等等表示。根据这些投资估算指标，乘以所需的长度、体积、台数等等，就可以求出相应的各单位工程的投资。在此基础上，可汇总成某一单项工程的投资。另外再估算工程建设其他费用及预备费，即求出所需的投资。

采用这种方法时，要根据相关的估算指标，结合工程的具体情况编制。一方面要注意，若套用的指标与具体工程之间的标准或条件有差异时，应加以必要的换算或调整；另一方面要注意，使用的指标单位应密切结合每个单位工程的特点，能正确反映设计参数，切勿盲目地单纯套用一种单位指标。

（二）可行性研究阶段的投资估算

可行性研究阶段建设项目投资估算原则上应采用指标估算法。对投资有重大影响的主体工程应估算出分部分项工程量，参考概算指标或概算定额编制主要单项工程的投资估算。

1．建筑安装工程费用估算

建筑安装工程费用包括建筑工程费用和安装工程费用。

建筑工程费用是指为建造永久性建筑物和构筑物所需要的费用，一般采用单位建筑工程投资估算法、单位实物工程量投资估算法、概算指标投资估算法等进行估算。

安装工程费用通常按照行业或专门机构发布的安装工程定额、取费标准和指标估算投资。一般以单项工程为单元，根据设计选用的材质、规格或专业设计的具体内容，套用技术标准、材质和规格、施工方法相适用的投资估算指标或类似工程造价资料进行估算。

2．设备购置费用估算

设备购置费用是指为建设项目购置或自制的达到固定资产标准的各种国产或进口设备、工具、器具的购置费用。设备购置费用根据项目主要设备表及价格、费用资料编制，工器具购置费用按设备费用的一定比例计取。国内设备和进口设备应分别估算。它由设备原价和设备运杂费构成。设备运杂费包括设备采购、运输、途中包装及仓库保管等方面支出费用的总和。

3．工程建设其他费用估算

工程建设其他费用的计算应结合拟建项目的具体情况，有合同或协议明确的费用按合同或协议列入，无合同或协议明确的费用，根据国家和各行业部门、工程所在地地方政府的有关工程建设其他费用定额和计算办法估算。

4．基本预备费用估算

基本预备费用的估算一般是以建设项目的工程费用和工程建设其他费用之和为基础，乘以基本预备费率进行计算。基本预备费率的大小，应根据建设项目的设计阶段和具体的设计深度，以及在估算中采用的各项估算指标与设计内容的贴近度、项目所属行业主管部门的具体规定确定。

5．价差预备费用估算

价差预备费用是指针对建设项目在建设期间内由于材料、人工、设备等价格可能发生变化引起工程造价变化而事先预留的费用，亦称为价格变动不可预见费。价差预备费的内容包括：人工、设备、材料、施工机械（仪表）的价差费，建筑安装工程费及工程建设其他费用调整，利率、汇率调整等增加的费用。

价差预备费用一般根据国家规定的投资综合价格指数，按估算年份价格水平的投资额为基数，采用复利方法计算。

汇率是两种不同货币之间的兑换比率，或者说是一种货币表示另一种货币的价格。外币对人民币升值，换算成人民币的金额增加；外币对人民币贬值，换算成人民币的金额减少。因此，估计汇率变化对建设项目的影响大小，是通过预测汇率在项目建设期内的变动程度，以估算年份的投资额为基数，计算求得。

6．建设期贷款利息估算

在建设投资分年计划基础上可设定初步融资方案，对采用债务融资的项目应估算建设期利息。建设期利息是指筹措债务资金时在建设期内发生并按规定允许在投产后计入固定资产百年百年原值的利息，即资本化利息。建设期利息包括向国内银行和其他非银行金融机构贷款、出口信贷、外国政府贷款、国际商业银行贷款以及在境内外发行的债券等在建设期间应计的借款利息。

对于多种借款资金来源，每笔借款的年利率各不相同，即可分别计算每笔借款的利息，也可先计算出各笔借款加权平均的年利率，并以此利率计算全部借款的利息。

建设期贷款利息的估算，根据建设期资金用款计划，可按当年借款在年中支用考虑，即当年货款按半年计息，上年货款按全年计息。国外货款利息的计算中，还应包括国外货款银行根据货款协议向货款方以年利率的方式收取的手续费、管理费、承诺费；以及国内代理机构经国家主管部门批准的以年利率的方式向货款单位收取的转贷费、担保费、管理费等。

三、投资估算编制案例

（一）工程概况

1．本工程是基于 SD-WAN 的工业互联网网络服务平台扩容工程。

2．本工程建设内容包括：

（1）完成境内境外 SD-WAN 智选专线业务受理系统上线；完成 B/O 域打通工作，实现与政企中台和 OSS2.0 的系统对接，建立售前、售中、售后一体化服务支撑体系；满足客户"省内互联网组网"和"移动用户自服务"场景需求；结合 SD-WAN 安全需求场景，开发相关功能；上线"站点双线接入"和"站点共享带宽"功能；完成更加丰富的网络配置功能，包括智能选路、ACL、NAT、路由指向等细化网络配置的上层呈现。

（2）网关 POP 点建设：完成 XX 和 XX 的网关建设，实现全国省会级网关节点全覆盖；完成 25 个非省会重点城市网关建设，提升网络资源覆盖；完成北上广区域的服务器扩容，优化重点区域时延质量。

（二）投资估算

1．投资估算编制依据

（1）工信部通信［2016］451号"工业和信息化部关于印发信息通信建设工程预算定额、工程费用定额及工程概预算编制规程的通知"；

（2）某运营商［2016］190号"转发工信部通信工程定额质监中心关于营业税改增值税后通信建设工程定额相关内容调整的说明的通知"；

（3）工业和信息化部通信工程定额质监中心造［2016］08号"关于营业税改增值税后通信建设工程定额相关内容调整的说明"；

（4）工信部通函［2012］213号"关于调整通信工程安全生产费取费标准和使用范围的通知"；

（5）发改价格［2015］299号"国家发展改革委关于进一步放开建设项目专业服务价格的通知"；

（6）某运营商［2009］113号"关于印发《某运营商建设项目工程财务管理办法（暂行）》的通知"；

（7）某运营商财务部财务［2016］14号"关于明确2016年度某运营商建设项目工程造价中利息资本化率取费标准的通知"；

（8）设备投资估算依据主要参考了某运营商目前在网所用设备的厂商与某运营商近期签订类似项目的合同成交价格和折扣水平。

2．费率取定

配套设备费：仅指服务器、交换机、机柜、配电柜等配套设备费；

系统集成费：软件部分包括系统平台部署、网关软件部署及调测、系统安全加固及应用软件1年维护的费用，本期工程软件系统集成费率按3%记取。硬件部分包括设备安装、调测等，集成费率成按1%记取；

工程建设其它费用=（主设备费+配套设备费+系统集成费）×2.5%，其中包含可研费、设计费、监理费、安全生产费、审计费等；

建设期贷款利息：建设期贷款利息年利率按4.35%记取，计列1年；

人力成本分摊，包含在工程建设其他费中；

根据集团相关部门意见，本工程不计取预备费。

系统集成费、工程建设其他费用和建设期贷款利息分别按照软硬件对应投资部分为依据进行计算，且对各省投资额计算过程中以向上取整的方式进行。

3．投资估算总表

本工程总投资额为3052万元，其中软件部部分投资额为1724万元，硬件部分投资额为 1328 万元，投资估算如下表所示：

序号	费用类别	项目名称	数量	单价（万元）	单位	投资总价（万元）	备注
一	主控节点	SD-WAN 智能管控业务系统软件	1	900	套	900	
	网关节点	汇聚网关（软件）（27节点）	54	12	套	648	
	小计1					1548	
二	配套设备费	服务器	246	4	台	984	
		交换机	60	3	台	180	
		机房配套	30	1.5	套	45	
	小计2					2757	
三	集成费	系统集成	1	70	套	70	
	小计3					2827	
四	工程建设其他费	可研设计及审计监理	1	85	套	2912	
	小计4					2912	
五	资本化利息	资本化利息	1	140	套	140	
	合计					3052	

四、投资估算的审核

投资估算作为建设项目投资的最高限额，对工程造价的合理确定和有效控制起着十分重要的作用，为保证投资估算的完整性和准确性，必须加强对投资估算的审核工作。投资估算的审核主要从以下几个方面进行：

（一）审核投资估算编制依据的时效性、准确性和实用性

估算项目投资所需的数据资料很多，如已建同类型项目的投资、设备和材料价格，有关的指标、标准以及各种规定等。这些资料可能随时间、地区、价格及定额水平的差异，使投资估算有较大的出入，因此要注意投资估算编制依据的时效性、准确性和实用性。针对这些差异必须作好定额指标水平、价差的调整系数及费用项目的调查。同时对工艺水平、规模大小、自然条件、环境因素等对已建项目与拟建项目在投资方面形成的差异进行调整，使投资估算的价格和费用水平符合项目建设所在地估算投资年度的实际。

（二）审核选用的投资估算方法的科学性与适用性

编制投资估算的方法有许多种，每种估算方法都有各自的适用条件和范围，并具有不同的准确度。如果使用的编制方法与项目的客观条件和情况不

相适应，或者超出了该方法的适用范围，那就不能保证投资估算的质量。

（三）审核投资估算的编制内容与拟建项目规划要求的一致性

审核投资估算的工程内容，包括工程规模、自然条件、技术标准、环境要求，与规定要求是否一致，是否在估算时进行了必要的修正和反映，是否对工程内容尽可能的量化和质化，有没有出现内容方面的重复或漏项和费用方面的高估或低算。

（四）审核投资估算的费用项目、费用数额的真实性

1. 审核各个费用项目与规定要求、实际情况是否相符，有无漏项或多项，估算的费用项目是否符合建设项目的具体情况、国家规定及建设地区的实际要求，是否针对具体情况作了适当的增减。

2. 审核项目所在地区的交通、地方材料供应、国内外设备的订货与大型设备的运输等方面，是否针对实际情况考虑了材料价格的差异问题；对偏僻地区或有大型设备时是否已考虑了增加设备的运杂费。

3. 审核是否考虑了物价上涨和对引进国外设备或技术项目每年的通货膨胀率对投资额的影响，考虑的波动变化幅度是否合适。

4. 审核对于"三废"处理所需的投资是否进行了估算，其估算数额是否符合实际。

5. 审核项目投资主体自有的稀缺资源是否考虑了机会成本，沉没成本是否剔除。

6. 审核是否考虑了采用新技术、新材料以及现行标准和规范比已建项目的要求提高所需增加的投资额，考虑的额度是否合适。

第三节　建设项目财务评价

一、建设项目财务评价的概念

财务评价是根据国家现行财税制度和价格体系，分析、计算项目直接发生的财务效益和费用，编制财务报表，计算评价指标，考察项目的盈利能力、清偿能力以及外汇平衡等财务状况，据以判别项目的账务可行性。它是项目可行性研究的核心内容，其评价结论是决定项目取舍的重要决策依据。

二、建设项目财务评价的内容

项目在财务上的生存能力取决于项目的财务效益和费用的大小及其在时间上的分布情况。项目盈利能力、清偿能力及外汇平衡等财务状况，是通过编制财务报表及计算相应的评价指标来进行判断的。因此，为判别项目的财务可行性所进行的财务评价应该包括以下基本内容。

（一）财务效益和费用的识别

正确识别项目的财务效益和费用应以项目为界，以项目的直接收入和支出为目标。至于那些由项目建设和运营所引起的外部效益和费用，只要不是直接由项目获得或开支的，就不是项目的财务效益和费用。项目的财务效益主要表现为生产经营的产品销售收入；项目的财务费用主要表现为建设项目总投资、经营成本和税金等各项支出。此外，项目得到的各种补贴、项目寿命期末回收的固定资产余值和流动资金等，也是项目得到的收入，在财务评价中视作效益处理。

（二）财务效益和费用的计算

财务效益和费用的计算，要客观、准确，其计算口径要对应一致。计算效益和费用时，项目产出物和投入物价格的选用必须有充分的依据，项目财务评价使用财务价格，即以现行价格体系为基础的预测价格，且根据不同情况考虑价格的变动因素。

（三）财务报表的编制

在项目财务效益和费用识别与计算的基础上，可着手编制项目的财务报表，包括基本报表和辅助报表。为分析项目的盈利能力需编制的主要报表有：现金流量表、损益表及相应的辅助报表。为分析项目的清偿能力需编制的主要报表有：资产负债表、资金来源与运用表及相应的辅助报表。对于涉及外贸、外资及影响外汇流量的项目，为考察项目的外汇平衡情况，尚需编制项目的财务外汇平衡表。

（四）财务评价指标的计算与评价

由上述财务报表，可以比较方便地计算出各财务评价指标。通过与评价标准或基准值的对比分析，即可对项目的盈利能力、清偿能力及外汇平衡等财务状况做出评价，判别项目的财务可行性。财务评价的盈利能力分析要计算财务净现值、财务内部收益率、投资回收期等主要评价指标。根据项目的特点及实际需要，也可计算投资利润率、投资利税率、资本金利润率等指标。清偿能力分析要计算借款偿还期、资产负债率、流动比率、速动比率等指标。此外，还可计算其他价值指标或实物指标（如单位生产能力投资），进行辅助分析。

第四节 财务评价指标计算与分析

一、财务评价的盈利能力分析

财务盈利能力分析主要是考察投资的盈利水平，用以下指标表示：

（一）财务净现值 FNPV

财务净现值（FNPV）是指用一个预定的基准收益率（或设定的折现率）ic 分别把整个计算期间内各年所发生的净现金流量都折现到投资方案开始实施时的现值之和。财务净现值是评价项目盈利能力的绝对指标。

财务净现值计算公式为：

$$FNPV = \sum_{t=0}^{n}(CI - CO)_t(1 + i_c)^{-t}$$

（二）财务内部收益率（FIRR）

财务内部收益率是指项目在整个计算期内各年净现金流量现值累计等于零时的折现率，它反映项目所占用资金的盈利率，是考察项目盈利能力的主要动态评价指标。

其表达式为：

$$FNPV(FIRR) = \sum_{t=0}^{n}(CI - CO)_t(1 + FIRR)^{-t} = 0$$

式中：FNPV——财务净现值

CI——现金流入量；

CO——现金流出量；

（CI-CO）——第 t 年的净现金流量；

n ——计算期。

财务内部收益率可根据财务现金流量表中净现金流量用试差法计算求得。在财务评价中，将求出的全部投资或自有资金（投资者的实际出资）的财务内部收益率（FIRR）与行业的基准收益率或设定的折现率（i）。比较，当 FIRR≥i 时，即认为其盈利能力已满足最低要求，在财务上是可以考虑接受的。

（三）投资回收期

投资回收期是指以项目的净收益抵偿全部投资（固定资产投资、投资方向调节税和流动资金）所需要的时间。它是考察项目在财务上的投资回收能力的主要静态评价指标。投资回收期（以年表示）一般从建设开始年算起，如果从投产年算起时，应予注明。

其表达式为：$\sum_{t=0}^{P_t}(CI-CO)_t=0$

式中：CI——现金流入量；

　　　CO——现金流出量；

　　　（CI-CO）——第 t 年的净现金流量；

投资回收期 P_T 可根据财务现金流量表（全部投资）中累计净现金流量计算求得。

在财务评价中，求出的投资回收期（Pt）与行业的基准投资回收期（Pc）比较，当 Pt≤Pc 时，表明项目投资能在规定的时间内收回。

二、财务评价的项目清偿能力分析

项目清偿能力分析主要是考察计算期内各年的财务状况及偿债能力。用以下指标表示：

（一）利息备付率（ICR）

利息备付率也称已获利息倍数，指项目在借款偿还期内各年可用于支付利息的息税前利润（EBIT）与当期应付利息（PI）的比值。其表达式为：

利息备付率（ICR）＝税息前利润（EBIT）/计入总成本费用的应付利息（PI）

息税前利润（EBIT）即利润总额与计入总成本费用的利息费用之和

利息备付率应分年计算，它表示使用项目税息前利润偿付利息的保证倍率。对于正常经营的项目，利息备付率应当大于 1，否则，表示项目的付息能力保障程度不足。尤其是当利息备付率低于 1 时，表示项目没有足够资金支付利息，偿债风险很大。

根据我国企业历史数据统计分析，一般情况下，利息备付率不宜低于 2。

（二）偿债备付率（DSCR）

偿债备付率指项目在借款偿还期内，各年可用于还本付息的资金（EBITDA-TAX）与当期应还本付息金额（PD）的比值。其表达式为：

$$偿债备付率（DSCR）=（息税前利润＋折旧＋摊销－企业所得税）/ 当年还本付息金额$$

式中：EBITDA ——息税前利润加折旧和摊销

TAX——企业所得税

偿债备付率应分年计算，它表示可用于还本付息的资金偿还借款本息的保证倍率。正常情况应当大于1。

第五章　建设项目设计过程中工程造价的确定

第一节　建设项目设计与工程造价

一、工程勘察工作对工程造价的影响

设计阶段的开始是进行工程现场勘察，勘察质量的好坏对工程设计质量和工程造价会产生影响。信息通信建设工程特别是室外设施较多的移动通信、微波、卫星地面站、光缆线路、通信管道等工程现场勘察，因勘察内容涉及到现场的地质、水文、外围管网以及受到影响的其他业主的设施，若勘察不到位，可能导致设计图纸不够准确，后续的纠错而产生设计变更和工程造价的调整。主要表现在以下几个方面：

（一）工程勘察的缺陷可能导致项目的设计所采用的施工方案、技术措施不够合理，容易引起工程造价的提高。

（二）现场勘察时对政府部门规划调整了解不清楚而引起后续设计变更或已施工的工程迁改，对工程造价产生影响。

（三）近年来随着道路、地铁等交通设施的大量建设，光缆线路迁移改项目大量涌现，这些项目对工程勘察准确度要求特别严格，需要勘察人员认真摸清在用光缆情况，以免项目实施时因勘察不准引起的设计出错，引发工程割接时的信息通信网络运行安全问题、工程赔补等一系列影响工程造价的事件发生。

（四）信息通信建设项目勘察与设计基本由相同人员完成，一些大型工程项目勘察与设计可能由不同人员完成，勘察结果的直接使用者是设计人员，因此在进行勘察前应加强勘察与设计的沟通，勘察人员应充分了解设计意图，这样勘察工作就能做到有的放矢、经济合理，同时对设计采取最经济的设计方案也有重要的意义。

二、设计方案对工程造价的影响

在工程可行性研究阶段对工程的建设方案和造价做了初步的设想和估算，在设计阶段，对设计方案评价与优化是设计过程的重要环节，这一阶段是通过技术比较，经济分析和经济效益的评价，正确处理技术先进与经济合理之间的关系，寻找出最优的工程设计方案，力求达到技术先进与经济合理的相对统一。

（一）设计方案分析与评价基本程序

1. 建立可能的设计方案。按照建设的目的、技术标准、投资估算的要求，结合建设项目实际情况，探讨和建立可能的设计方案。

2. 初步筛选。从所有的可能的设计方案中筛选出较为满意的方案作为比选方案。

3. 确定评价目标。根据设计方案的评价目的，明确评价范围和目标任务。

4. 建立指标体系。确定能满足评价目的的指标体系。

5. 计算指标及参数。根据设计方案计算各项指标及对比参数。

6. 方案分析与评价。将方案的分析与评价指标分为基本指标和主要指标，通过主要评价指标的分析计算，列出方案的优劣排列顺序，提出推荐方案。

7. 方案技术优化建议。综合分析，对选择的方案提出技术优化建议。

8. 优化方案分析与评价。对技术优化建议进行组合搭配，确定优化方案。

9. 实施优化方案。实施优化方案并总结备案。

（二）设计方案评价指标体系

设计方案的评价指标是设计方案优劣评价与衡量的标准，对于工程项目技术经济分析和评价的科学性与准确性具有重要作用。是对设计方案进行评价与优化的基础。

评价指标能充分反映工程项目建设目的，工程投入运营后产生的经济效益和社会效益。因此指标体系应包括以下内容：

1. 使用价值指标值，即工程项目满足建设目的程度的指标。

2. 消耗量指标，即反映创造使用价值所消耗的资金、材料、劳动量等资源的指标。

3. 其他指标。设计方案的评价指标体系，可按指标的重要程度将其设为主要指标和辅助指标，选择主要指标进行比较评价。

（三）设计方案评价方法

目前比较常用的设计方案的评价方法主要由多指标法、单指标法和因素评价法。

1. 多指标法

多指标法采用多个主要指标，将各个对比方案的相应指标逐一进行分析比较，按照各种指标数值的高低对其做出评价，其评价指标包括：

（1）工程造价指标。工程造价反映工程建设项目一次性投资的综合货币指标，可根据项目投资估算予以确定。例如光缆线路每芯公里造价、光网络各种速率每端口造价、无线网络每信道造价、机房配套空调造价，配套设施造价等。

（2）主要材料消耗指标。主要材料消耗指标从工程实物的角度反映主要材料的消耗数量，例如管线工程的钢材消耗量指标、地材消耗量指标等。

（3）劳动消耗指标。反映劳动消耗量，信息通信建设工程主要为现场施工劳动消耗量，预制加工厂的劳动消耗量极少，仅有少数专业施工有少量构件有预制加工。

（4）工期指标。建设工程从开工到竣工所耗费的时间，用来评价不同方案对工期的影响。

以上四个指标，可以根据不同专业工程的特点进行选用，从信息通信建设工程全面造价管理的角度考虑，仅利用上述四种评价指标还不能完全满足对各专业设计方案的评价，还需要考虑建设工程全寿命期的成本，运维成本、质量成本、安全成本等诸多因素。

2. 单指标法

单指标法是以单一的指标为基础对建设工程技术方案进行综合分析与评价，单指标法有很多种类，较常用的有以下几种。

（1）综合费用法。将建设投资和使用费用结合起来考虑，同时考虑建设周期对投资效益的影响，以综合费用最小为最佳方案，是一种静态价值指标评价方法，没有考虑资金时间价值，只适合于建设周期较短的工程。此外，综合费用法只考虑费用，未能反映功能、质量、安全等方面的差异，因此只有在方案的功能、建设标准等条件相同或基本相同时才能采用。

（2）全寿命周期费用法。全寿命期费用评价法考虑了资金的时间价值，是一种动态价值指标评价方法，由于不同技术方案的寿命期不同，因此不用净现值法，而用年度等值法，以年度费用最小者为最优方案。

（3）价值工程法。价值工程法主要对工程项目进行性能、功能价值分析，探讨如何以最低的全寿命期成本实现产品必要的功能，从而提高产品的价值。在设计中应用价值工程的原理和方法，在保证建设工程功能不变或功能改善的情况下，力求节约成本，设计出更加符合建设要求的工程产品。

3. 多因素评分优选法

综合了定量分析评价与定性分析评价的特点，可靠性高，应用广泛。对于需要进行分析评价的设计方案设定若干个评价指标，按其重要程度计取权重，然后按照评分标准进行评分，将各项评价指标得分与其权重进行整合得出各方案的评价总分，总分最高者为最优方案。

（四）方案优化

在设计招标或设计方案比选的基础上，将各设计方案的可取优点进行重新组合，使设计更加完美。方案优化综合考虑工程质量、造价、工期、安全和节能五大目标之间的整体相关性，力求达到整体目标最优，在保证工程质量、安全、节能的基础上，力求全寿命期成本最低的设计方案。

三、建设项目设计与工程造价的关系

工程设计是具体实现技术与经济对立统一的过程。拟建项目一经决策确定后，设计就成了工程建设和控制工程造价的关键。初步设计基本上决定了工程建设的规模、产品方案、结构形式和建设标准及使用功能，形成了设计概算，确定了投资的最高限额。施工图设计完成后，编制出了施工图预算，准确地计算出工程造价。可见，工程设计是影响和控制工程造价的关键环节。

设计质量、深度是否达到国家标准、功能是否满足使用要求，不仅关系到建设项目一次性投资的多少，而且影响到建成交付使用后经济效益的良好发挥，如产品成本、经营费、日常维修费、使用年限内的大修理费和部分更新费用的高低，还关系到国家有限资源的合理利用和国家财产以及人民群众生命财产安全等重大问题。

工程造价对设计也有很大的制约作用，在市场经济条件下，归根结底应该说还是经济决定技术，还是财力决定工程规模和建设标准、技术水平。在一定经济约束条件下，就一个建设项目而言，尽可能减少次要辅助项目的投资，以保证和提高主要项目设计标准或适用程度。总之，要加强工程设计与工程造价的关系的认真研究分析和比选，正确处理好两者的相互制约关系，从而使设计产品技术先进、稳妥可靠、经济合理，使工程造价得到合理确定和有效控制。

第二节　设计概算的编制与审查

一、设计概算概述

（一）设计概算的含义

设计概算是设计文件的重要组成部分，是在投资估算的控制下由设计单位根据初步设计（或扩大初步设计）图纸及说明、概算定额（或概算指标）、各项费用定额或取费标准（指标）、设备、材料预算价格等资料，编制和确定的建设项目从筹建至竣工交付使用所需全部费用的文件。采用两阶段设计的建设项目，初步设计阶段必须编制设计概算；采用三阶段设计的，技术设计阶段必须编制修正概算。

设计概算的编制应包括编制期价格、费率、利率、汇率等确定静态投资和编制期到竣工验收前的工程和价格变化等多种因素的动态投资两部分。静态投资作为考核工程设计和施工图预算的依据；动态投资作为筹措、供应和控制资金使用的限额。

（二）设计概算的构成

设计概算一般由建设项目总概算、单项工程概算构成。

单项工程概算由工程费、工程建设其他费、预备费、建设期利息四部分构成。建设项目总概算等于各单项工程概算之和，它是一个建设项目从筹建到竣工验收的全部投资，其构成如图 24-1 所示。

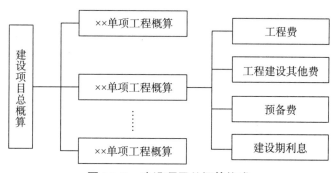

图 24-1　建设项目总概算构成

二、设计概算的编制

在初步设计阶段，按照可行性研究报告及投资估算进行多方案的技术经济分析比较，确定初步设计方案，编制工程概算。工程概预算文件是确定建设工程造价的文件，是工程建设全过程造价控制、考核工程经济合理性的重要依据。设计概算一般不得任意调整和修改，必须维护其严肃性，因此，准确编制设计概算是十分重要的。同时，作为设计文件的重要组成部分，设计概算在一定程度上影响着投资资金的分配和设计的经济合理性。

（一）设计概算编制的依据

□ 1.国家、行业和地方政府有关建设工程和造价管理的法律、法规、规定、规则。

□ 2.批准的建设项目的设计任务书。

□ 3.批准的可行性研究报告及投资估算。

□ 4.能满足编制设计概算的各专业设计图纸、文字说明和主要设备表。

（二）设计概算的编制方法

1. 概算定额法

概算定额法又叫扩大结构定额法。它是采用概算定额（信息通信建设工程使用预算定额）编制建筑安装工程概算的方法。它是根据初步设计图纸资料和概算定额的项目划分计算出工程量，然后套用概算定额，计算汇总后，再计取有关费用，便可得出相应工程概算造价。

这种方法适合于工程设计达到一定深度、建设内容比较明确的工程。信息通信工程概算编制中通常采用此种方法。

2. 概算指标法

是以技术条件相同或基本相同的概算指标乘以拟建工程的某个单位的工程量编制概算的方法（如同种地形、地质建设光缆线路工程每公里造价 × 公里数）。

这种方法适合于初步设计深度不够，不能准确计算出工程量，但工程设计是采用技术比较成熟而又有类似工程概算指标可以利用的工程。

3. 类似工程预算法

是指利用技术条件与设计对象相类似的已完工程或在建工程的工程造价资料来编制拟建工程设计概算的方法（如相同类型基站数量）。

类似工程预算法适用于拟建工程初步设计与已完工程或在建工程的设

计相类似又没有可用的概算指标时，但必须对建筑结构差异和价差进行调整。

三、设计概算的审查

（一）设计概算审查的主要内容

1. 审查设计概算的编制依据的合法性、时效性和适用范围。

2. 审查概算编制说明、编制深度和编制范围。

3. 审查建设规模、建设标准。审查概算的投资规模、生产能力、设计标准、建设用地、主要设备、配套工程、设计定员等是否符合原批准可行性研究报告或立项批文的标准。如超过，投资可能增加，如概算总投资超过原批准投资估算 10% 以上，应进一步审查超估算的原因。

4. 审查设备规格、数量和配置是否符合设计要求，设备的原价和运杂费是否正确，非标准设备原价的计价方法是否符合规定，进口设备的各项费用的组成及其计算程序、方法是否符合规定。

5. 审查工程费。建筑安装工程投资是随工程量增加而增加，要认真审查。要根据初步设计图纸、概算定额及工程量计算规则、专业设备材料表等进行审查，有无多算、重算、漏算。应将工程量较大、造价较高、对整体造价影响较大的项目作为审查重点。

6. 审查计价指标。概算中各项费用的计取程序和取费标准是否符合国家或地方有关部门的规定。

7. 审查总概算文件的组成内容是否完整地包括了工程项目从筹建至竣工运营的全部费用组成。

8. 审查其他费用中的费率和计取标准是否符合国家、行业有关规定。

9. 概算中技术经济指标的计算方法和程序是否正确。

（二）设计概算的审查方法

设计概算的审查方法可采用对比分析法、主要问题复核法、查询核实法、分类整理法、联合会审法。采用适当的方法对设计概算进行审查，是确保审查质量，提高审查效率的关键。

第三节　施工图预算的编制与审查

一、施工图预算概述

（一）施工图预算的含义

施工图预算是施工图设计预算的简称，又叫设计预算。它是由设计单位在施工图设计完成后，根据施工图设计图纸、现行预算定额、费用定额以及地区设备、材料、人工、施工机械和仪表台班等预算价格编制和确定的建筑安装工程造价文件。

（二）施工图设计文件的主要内容

1. 设计说明。

2. 施工图纸。

□（1）总平面布置图、网络结构图、系统图。

□（2）安装工艺图。

□（3）线缆敷设路由图、安装工艺图、连接端子安排图。

□（4）设备及线缆标签、标识制作标准图。

□（5）特殊工艺要求详图。

3. 施工图预算。

包括材料、设备明细表。

（三）施工图预算的构成

施工图预算一般有单位工程预算、单项工程预算、建设项目总预算的结构层次。

单位工程施工图预算应包括建筑安装工程费和设备、工器具购置费。

单项工程施工图预算应包括工程费、工程建设其他费和建设期利息。单项工程预算可以是一个独立的预算也可以由该单项工程中包含的所有单位工程预算汇总而成，其构成如图 25-1 所示。

图 25-1 中"工程建设其他费"是以单项工程作为计取单位的。若因为投资或固定资产核算等原因需要分摊到各单位工程中，亦可分别摊入单位工程预算中，但工程建设其他费的各项费用计算时不能以单位工程中的费用额度作为计算基数。

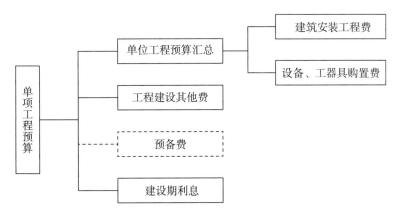

注：虚线框表示一阶段设计时编制施工图预算还应计入的费用。

图 25-1　单项工程施工图预算构成

建设项目总预算则是汇总所有单项工程预算而成，其构成如图 25-2 所示。

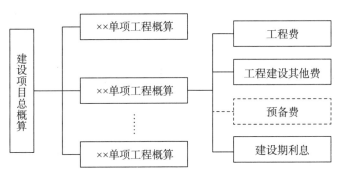

注：虚线框表示一阶段设计时编制施工图预算还应计入的费用。

图 25-2　建设项目总预算构成

二、施工图预算的编制

（一）施工图预算的编制依据

1．批准的初步设计概算及有关文件；

2．施工图、通用图、标准图及说明；

3．国家相关部门发布的有关法律、法规、标准规范；

4．《信息通信建设工程预算定额》、《信息通信建设工程费用定额》、《信息通信建设工程施工机械、仪表台班费用定额》及有关文件；

5．建设项目所在地政府发布的有关土地征用和赔补费用等有关规定；

6．有关合同、协议等。

（二）施工图预算文件的组成

施工图预算文件由编制说明和预算表组成。

1.编制说明。编制说明主要包括以下内容：

（1）工程概况。说明项目规模、用途、预算总价值、生产能力、公用工程及项目外工程的主要情况等。

（2）编制依据。主要说明编制时所依据的技术、经济文件、各种定额、材料设备价格、地方政府的有关规定和主管部门未作统一规定的费用计算依据和说明。

（3）投资分析。主要说明各项投资的比例及与类似工程投资额的比较、分析投资额高低的原因、工程设计的经济合理性、技术的先进性及其适宜性等。

（4）其他需要说明的问题。如建设项目的特殊条件和特殊问题，需要上级主管部门和有关部门帮助解决的其他有关问题等。

2.预算表格。信息通信建设工程预算表格是按照费用结构的划分，由建筑安装工程费用系列表格、设备购置费用表格（包括需要安装和不需要安装的设备）、工程建设其他费用表格以及预算总表组成，各表格格式见附录二。

（三）施工图预算的编制方法

信息通信建设工程概算、预算采用实物法编制。实物法是首先根据工程设计图纸分别计算出分项工程量，然后套用相应的人工、材料、机械台班、仪表台班的定额用量，再以工程所在地或所处时段的实际单价计算出人工费、材料费、机械使用费和仪表使用费，进而计算出直接工程费；根据信息通信建设工程费用定额给出的各项取费的计费原则和计算方法，计算其他各项，最后汇总单项或单位工程总费用。

实物法编制工程概算、预算的步骤如图31-3所示。

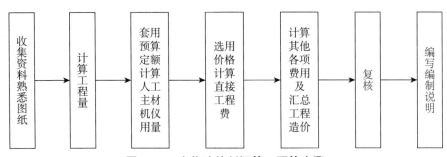

图31-3　实物法编制概算、预算步骤

1. 收集资料、熟悉图纸

在编制概算、预算前，针对工程具体情况和所编概算、预算内容收集有关资料，包括概算、预算定额、费用定额以及材料、设备价格等，并对施工图进行一次全面详细的检查，查看图纸是否完整，明确设计意图，检查各部分尺寸是否有误，以及有无施工说明。

2. 计算工程量

工程量计算是一项繁重而又十分细致的工作。工程量是编制概算、预算的基本数据，计算的准确与否直接影响到工程造价的准确度。计算工程量时要注意以下几点：

（1）首先要熟悉图纸的内容和相互关系，注意搞清有关标注和说明；

（2）计算单位应与所要依据的定额单位相一致；

（3）计算过程一般可依照施工图顺序由下而上，由内而外，由左而右依次进行；

（4）要防止误算、漏算和重复计算；

（5）最后将同类项加以合并，并编制工程量汇总表。

3. 套用定额，计算人工、材料、机械台班、仪表台班用量

工程量经核对无误方可套用定额。套用相应定额时，由工程量分别乘以各子目人工、主要材料、机械台班、仪表台班的消耗量，计算出各分项工程的人工、主要材料、机械台班、仪表台班的用量，然后汇总得出整个工程各类实物的消耗量。套用定额时应核对工程内容与定额内容是否一致，以防误套。

4. 选用价格计算直接工程费

用当时、当地或行业标准的实际单价乘以相应的人工、材料、机械台班、仪表台班的消耗量，计算出人工费、材料费、机械使用费、仪表使用费，并汇总得出直接工程费。

5. 计算其他各项费用及汇总工程造价

按照工程项目的费用构成和通信建设工程费用定额规定的费率及计费基础，分别计算各项费用，然后汇总出工程总造价，并以通信建设工程概算、预算编制办法所规定的表格形式，编制出全套概算或预算表格。

6. 复核

对上述表格内容进行一次全面检查，检查所列项目、工程量计算结果、套用定额、选用单价、取费标准以及计算数值等是否正确。

7. 编写说明

复核无误后，进行对比、分析，写出编制说明。凡是概算、预算表格不能反映的一些事项以及编制中必须说明的问题，都应用文字表达出来，以供审批单位审查。

在上述步骤中，3、4、5是形成全套概算或预算表格的过程，根据单项工程费用的构成，各项费用与表格之间的嵌套关系如图25-4所示。

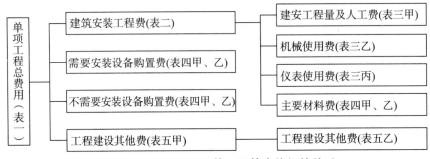

图25-4　单项工程概算、预算表格间的关系

根据图25-4的结构层次，在编制全套表格的过程中应按图25-5的顺序进行。

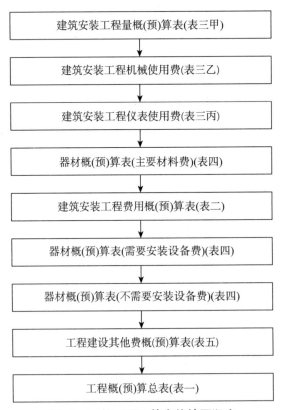

图25-5　概（预）算表格填写顺序

三、施工图预算的审查

施工图预算的审查可采用全面审查法、标准预算审查法、分组计算审查法、对比审查法、筛选审查法、重点审查法、分解对比审查法等。审查的主要内容包括：

（一）编制依据的审查

审查施工图预算的编制是否符合各阶段设计所规定的技术经济条件及其有关说明；采用的各种编制依据如定额、指标、价格、取费标准、编制办法等，是否符合国家和行业的有关规定；若使用临时补充定额，则要求补充定额的项目设置、内容组成、消耗量的确定均应符合现行定额的编制原则；同时注意审查编制依据的适用范围和时效性。

（二）工程量的审查

工程量是计算直接工程费的重要依据。直接工程费在建筑安装工程造价中起相当重要的作用，因此，审查工程量，纠正其差错，对提高预算的编制质量具有重要意义。审查时的主要依据是设计图纸、预算定额、工程量计算规则等。审查工程量时必须注意以下几点：

1. 计算工程量所采用的各个工程及其组成部分的数据，是否与设计图纸上标注的数据及说明相符；
2. 工程量计算方法是否符合工程量计算规则；
3. 工程建设项目有无漏算、重算和错算。

（三）套用预算定额的审查

1. 预算定额的套用是否正确，包括分项工程的名称、规格、计量单位与预算定额所列的内容是否一致；
2. 定额对项目可否换算，换算是否正确；
3. 临时补充定额是否正确、合理，是否符合现行定额的编制依据和原则。

（四）设备、材料的用量及预算价格的审查

主要审查设备、材料的规格及用量数据是否符合设计文件要求；设备、材料的原价是否与价格清单相一致；采购、运输、保险费用的费率和计算是否正确；引进设备、材料的各项费用的组成及其计算方法是否符合有关规定。

（五）建筑安装工程费的审查

建筑安装工程费包括的内容与项目专业有关，审查时应注意以下几点：

1. 工程所属专业与取费费率是否一致，计算基础是否正确；
2. 建筑安装工程费中的项目应以工程实际为准，没有发生的就不必计算；
3. 规费和税金应在工程中按国家或省级、行业建设主管部门的规定计算。

（六）工程建设其他费用的审查

这部分费用涉及内容多，灵活性大，具体费率或计取标准多为国家相关统一规定，审查时应按各项规定逐项审查计算方法是否正确，计算方法的依据是否合理。

（七）项目总费用的审查

审查项目总费用的组成是否完整，是否包括了全部设计内容；投资总额是否包括了项目从筹建至竣工投产所需的全部费用；是否有预算超出概算、概算超出投资估算的情况；工程项目的单位造价与类似工程的造价是否相符或接近，如不符且差异过大时，应分析原因，并研究纠正方案。

第四节　限额设计

一、限额设计的含义

所谓限额设计就是按照批准的可行性研究报告及投资估算控制初步设计，按照批准的初步设计总概算控制技术设计和施工图设计，同时各专业在保证达到使用功能的前题下，按分配的投资限额控制设计，严格控制不合理变更，保证总投资额不被突破。限额设计的控制对象是影响工程设计的静态投资（或基础价）的项目。

投资分解和工程量控制是实行限额设计的有效途径和主要方法。限额设计是将上阶段设计审定的投资额和工程量先分解到各专业，然后再分解到各单位工程和各分部工程而得到的，限额设计体现了设计标准、规模、原则的合理确定及有关概预算基础资料的合理取定，通过层层限额设计，实现了对投资限额的控制与管理，也就同时实现了对设计规范、设计标准、工程数量与概预算指标等各方面的控制。

二、限额设计的纵向控制

（一）初步设计阶段的限额设计

在初步设计限额中，各专业设计人员要增强工程造价意识，在拟定设计原则、技术方案和选择设备材料过程中应先掌握工程的参考造价和工程量，严格按照限额设计所分解的投资额和控制工程量以及保证使用功能的条件下进行设计，并以单位工程为考核单元，事先做好专业内部的平衡调整，提出节约投资的措施，力求将工程造价和工程量控制在限额内。为鼓励、促使设计人员做好设计方案选择，要把竞争机制引入设计中，实行设计招标，促使设计人员增强竞争意识，增加危机感和紧迫感，克服和杜绝方案比选中的片面性和局限性以及经验主义。要鼓励设计者解放思想，开拓思路，激发创造灵感，从而使功能好、造价低、效益高、技术经济合理的设计方案脱颖而出。

（二）施工图设计阶段的限额设计

施工图设计是设计单位的最终产品，是指导工程建设的重要文件，是施工企业实施施工的依据。设计单位发出的施工图及其预算造价要严格控制在批准的概算内，并有所节约。

1. 施工图设计必须严格按照批准的初步设计所确定的原则、范围、内容、项目和投资额进行。施工图阶段限额设计的重点应放在工程量控制上，控制的工程量是经审定的初步设计工程量，并作为施工图设计工程量的最高限额，不得突破。

2. 施工图设计阶段的限额设计应在专业设计、总图设计阶段下达任务书，并附上审定的概算书、工程量和设备单价表等，供设计人员在限额设计中参考使用。

3. 施工图设计阶段的投资分解和工程量控制的项目划分应与概算书的项目划分相一致的前题下，由设计和技术经济人员协商并经总设计师审定。条件具备时，主要项目也可按施工图分册进行投资分解与工程量控制。为便于设计人员掌握投资情况并及时实施控制，在进行单位工程投资分解时，只分解到基本直接费。其他直接费、现场经费、间接费、计划利润和税金等由技术经济人员扣减，不纳入限额设计任务书；施工图设计与初步设计间的年份价差影响，在投资分解时也不予考虑，均以初步设计时的价格水平为准。

4. 限额设计应贯穿设计工作全过程。在施工阶段，造价工程师应参加项目实施的全过程，并做到严格把关。由设计变更产生的新增投资额不得超过基本预备费的三分之一。限额设计范围内工程发生的总投资额不超过限额设计的总投资额为原则。

5. 当建设规模、产品方案、工艺流程或设计方案发生重大变更时，必须重新编制或修改初步设计及其概算，并报主管部门审批。其限额设计的投资控制额也以新批准的修改或新编的初步设计的概算造价为准。

（三）加强设计变更管理

设计变更应尽量提前，变更发生得越早，损失越小，反之就越大。如在设计阶段变更，则只须修改图纸，其他费用尚未发生，损失有限；如果在采购阶段变更，不仅需要修改图纸，而且设备、材料还须重新采购；若在施工阶段变更，除上述费用外，已施工的工程还须拆除，势必造成重大变更损失。为此，必须加强设计变更管理，尽可能把设计变更控制在设计阶段初期，尤其对影响工程造价的重大设计变更，更要用先算账后变更的办法解决，使工程造价得到有效控制。

三、限额设计的完善

（一）限额设计的不足

在积极推行限额设计的同时，还应认识到它的不足，以便在推行过程中加以发展、完善和改进。主要表现在以下方面：

1. 价值工程中，适当提高造价，得到功能大幅提高，这种提高价值的途径在限额设计中不能得到充分地运用。

2. 可能出现限额设计完成了，但对项目的全寿命费用考虑较少，会出现全寿命费用不一定经济的现象。

3. 为了满足投资限额要求，会出现降低设计的合理性。这是限额设计的本质特征所决定的。

（二）限额设计的完善

1. 正确理解限额设计的含义，充分考虑建设项目全寿命费用。

2. 合理确定和正确理解设计限额，尤其是价值工程在限额设计目标值确定之前，认真选择出工程造价与功能最佳匹配设计方案。如果在投资限额确定之后，才发现有更好的设计方案，包括适当增加投资，可获得功能大改善的设计方案，经认真、全面、科学可靠的方案论证，技术经济评价，并报有关部门批准之后，允许调整或重新确定限额。

3. 合理分解和使用投资限额。现行限额设计的投资限额大多以可行性研究投资估算造价为最高限额，按直接工程费的90%下达分解，留下10%作为调节使用。为了克服上述限额的不足，可以根据项目的具体情况适当增加调节使用比例，如留15%～20%作调节使用，按80%～85%下达分解。这样对设计过程中出现的具体有创造性、确有成效的设计方案脱颖而出创造了有利条件，也为好的设计变更提供了方便。

第五节 一阶段施工图预算编制案例

一、工程概况

（一）本工程为 ×× 移动通信基站设备安装工程施工图预算。

（二）已知条件

1. 本工程为四川地区 TD-LTE 系统 F 频段的新建 1/1/1×× 基站单位工程。

2. 施工企业驻地距工程所在地 12km。

3. 勘察设计费按站分摊为 5200 元 / 每站，服务费税率按 6% 计取。

4. 建设工程监理费按站分摊为 600 元 / 站，服务费税率按 6% 计取。

5. 设备运距为 1250km；主要材料运距为 500km。

6. 该工程采用一般计税方式。设备均由甲方提供，税率按 13% 计取。材料均由建筑服务方提供。设备价格见表 27-1；主要材料价格见表 27——2。

7. "建设用地及综合赔补费"、"项目建设管理费"、"可行性研究费"、"环境影响评价费"、"建设期利息"、"预备费"等费用不在本单位工程中分摊，均在单项工程预算中计列。

8. 本预算内不计取"采购代理服务费"、"研究试验费"、"工程保险费"、"工程招标代理费"、"生产准备及开办费""其他费"。

表 27-1 设备价格表

序号	设备名称	规格容量	单位	除税价（元）	增值税（元）
1	TD-LTE 定向天线（八通道）		副	12000.00	1560.00
2	TD-LTE 基带单元	1/1/1	台	20000.00	2600.00
3	射频拉远单元		台	9000.00	1170.00
4	GPS 防雷器		个	1000.00	130.00
5	GPS 天线		副	5500.00	715.00
6	直流配电单元		台	5000.00	650.00

表 27-2　主要材料价格表

序号	名称	规格型号	单位	除税价（元）	增值税（元）	备注
1	馈线（射频同轴电缆）	1/2 英寸	m	80.00	10.40	含连接头
2	室外光缆	2 芯	m	10.00	1.30	
3	射频拉远单元电源电缆	RVVZ-2×6mm²	m	50.00	6.50	
4	螺栓	M10×40	套	1.00	0.13	
5	馈线卡子	1/2 英寸以下	套	10.00	1.30	
6	接线端子		个 / 条	1.00	0.13	

（三）设计图纸及说明

1. 设计范围及分工

（1）本工程设计范围主要包括移动通信基站的天馈线系统、室内基带单元、室外射频拉远等设备的安装。中继传输电路、供电系统等部分内容由其他专业负责，新建铁塔内容在其他章节阐述。

（2）基站设备与电源设备安装在同一机房，设备平面布置及走线架位置由本专业统一安排；机房装修（包括墙洞）、空调等工程的设计与施工由建设单位另行安排。

（3）天馈线系统由施工单位负责调测，其他设备调测由设备厂家负责。

2. 图纸说明

（1）基站机房设备平面布置图（图纸编号：GD-S-YD-01）

基站机房内 TD-LTE 基带单元设备的尺寸为 446×310×86，并在机房内的综合架上安装。

（2）基站机房内走线架平面布置图（图纸编号：GD-S-YD-02）

基站室内原有走线架采用 500mm 和 300mm 宽的产品。走线架安装在机架上方，其高度与已开馈线穿墙洞下沿齐平，走线架宽度及离地高度已经在图纸上说明。

（3）基站天馈线系统安装示意图（图纸编号：GD-S-YD-03）

1）在地面铁塔上共安装了 3 副 TD-LTE 定向智能天线。小区方向分别为 0°、120°、240°，其挂高均为 48m，铁塔平台已有天线横担及天线支撑杆；

2）基站采用 2 芯的室外光缆在基带单元与射频拉远单元基站设备间进行连接；

3）采用 1/2 英寸软馈线连接射频拉远单元与定向智能天线，长度为 3m/条，共 27 条；

4）GPS 天线安装在室外机房顶部，并通过 1/2 英寸软馈线与室内设备连接，长度 15m；

5）塔顶安装的避雷针和铁塔自身的防雷接地处理，均由铁塔单项工程预算统一考虑。

（4）未说明的材料及设备均不考虑。

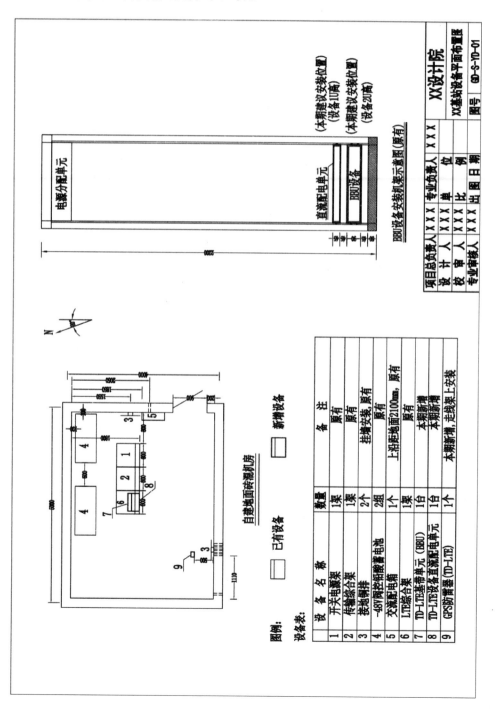

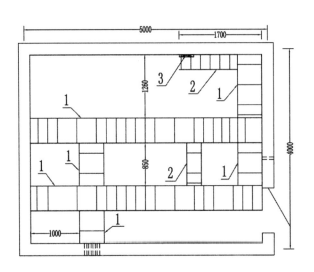

自建地面砖混机房

图例：

▮ 原有垂直爬梯　　　　▭▭▭ 原有走线架

说明：

1. 走线架宽500mm，离地2400mm
2. 走线架宽300mm，离地2400mm
3. 沿墙垂直走线架，从2400mm处引至地面，宽300mm

注：走线架每隔2米左右加固一次，每米4-5根横铁

本期工程不新增走线架

项目总负责人	ＸＸＸ	专业负责人	ＸＸＸ	XX设计院
设 计 人	ＸＸＸ	单　位		XX基站走线架平面布置图
校 审 人	ＸＸＸ	比　例		
专业审核人	ＸＸＸ	出图日期		图号　GD-S-YD-02

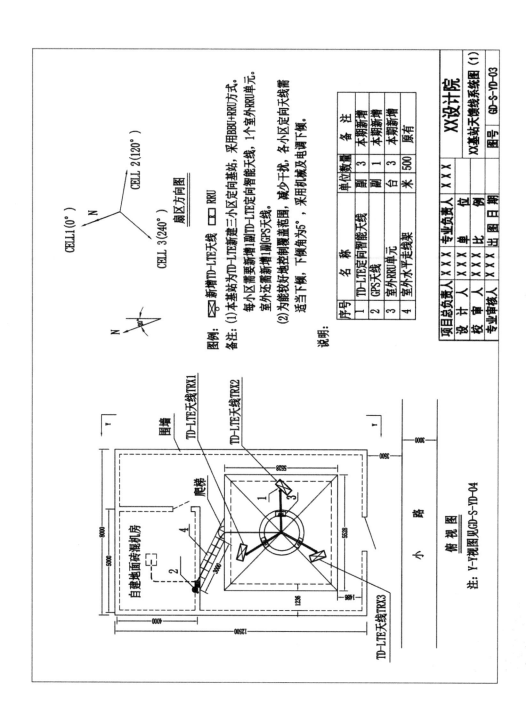

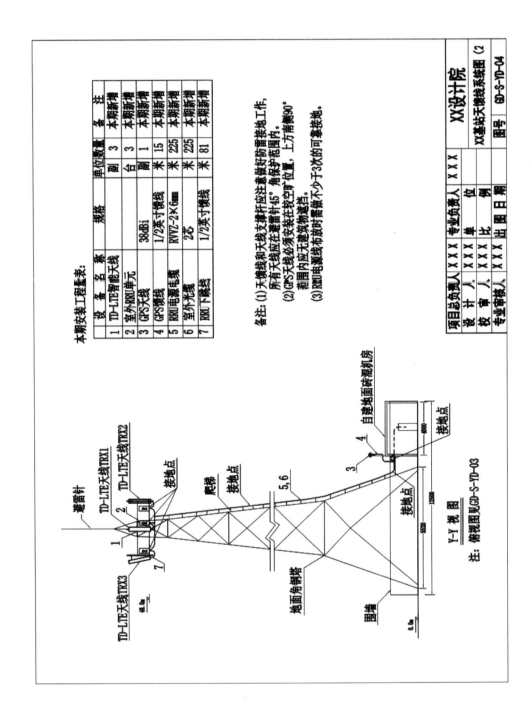

本期安装工程量表:

	设备名称	规格	单位	数量	备注
1	TD-LTE智能天线		副	3	本期新增
2	室外RRU单元		台	3	本期新增
3	GPS天线	38dBi	副	1	本期新增
4	GPS馈线	1/2英寸馈线	米	15	本期新增
5	RRU电源电缆	RVVZ-2×6mm	米	225	本期新增
6	室外光缆	25芯	米	225	本期新增
7	RRU下跳线	1/2英寸馈线	米	81	本期新增

备注: (1)天馈线和天线支撑杆应注意做好防雷接地工作,所有天线应在避雷针45°角保护范围内。
(2)GPS天线必须安装在较空旷位置,上方南侧90°范围内应无建筑物遮挡。
(3)RRU电源线布放时需做不少于3次的可靠接地。

项目总负责人	×××	专业负责人	×××	XX设计院	
设 计 人	×××	单 位		XX基站天馈线系统图 (2	
设 审 人	×××	比 例			
专业审核人	×××	出图日期		图号	GD-S-YD-04

Y-Y 视 图

注: 俯视图见GD-S-YD-03

避雷针
TD-LTE天线TRX1
TD-LTE天线TRX2
接地点
TD-LTE天线TRX3
爬梯
接地点
接地点
地面角钢塔
围墙
自建地面砖混机房
接地点
接地点

二、统计工程量及主材用量

（一）统计工程量

移动通信基站的设备安装内容主要分为室外和室内两部分，统计工程量时可分别统计。本示例按先室外后室内的步骤逐项扫描式进行统计，避免漏项和重复。

基站天馈线部分：

1. 地面铁塔上（铁塔高 48m 处）安装定向天线：3 副。
2. 安装馈线（1/2 英寸射频同轴电缆）：3 米 ×27 条。
3. 安装射频拉远单元：3 台。
4. 安装室外光缆：75 米 ×3 条。
5. 安装 GPS 天线：1 副。
6. 安装 GPS 馈线（1/2 英寸射频同轴电缆）：15 米 ×1 条。
7. 安装室外 RRU 电源电缆：75 米 ×3 条。
8. 封堵馈线窗：1 个

基站设备及配套：

1. 安装嵌入式基站设备（TD-LTE 基带单元、直流配电单元）：2 台。
2. 安装 GPS 防雷器：1 个。

（二）统计主材用量见表 27-3。

表 27-3　主材统计表

序号	名称	规格型号	单位	数量
1	馈线（射频同轴电缆）	1/2 英寸	m	（3×27+15）×1.02=97.92
2	射频拉远单元电源电缆	RVVZ-2×6mm²	m	（75×3）×10.15=228.38
3	RRU 用光缆	2 芯	m	（75×3）×1.02=229.5
4	螺栓	M10×40	套	1×4.04=4.04
5	馈线卡子	1/2 英寸以下	套	4×0.96+11*0.86=13.30
6	接线端子	6mm²	个 / 条	225×1.02=45.68

三、施工图预算编制

（一）预算编制说明

1. 工程概述

本工程为 ×× 地区移动通信网络基站系统设备安装工程，本预算为 ×× 基站无线设备安装施工图预算，预算价值为 161599.02 元。

2．编制依据及采用的取费标准和计算方法

（1）施工图设计图纸及说明。

（2）工信部通信〔2016〕451号《工业和信息化部关于印发信息通信建设工程预算定额、工程费用定额及工程概预算编制规程的通知》。

（3）建设单位与××设备供应商签订的设备价格合同。

（4）建设单位与××器材公司签订的购货合同。

（5）有关费率及费用的取定：

①承建本工程的施工企业距施工现场12km，不足35km不计取施工队伍调遣费；

②设备及主材运杂费费率取定：设备运输里程为1250km，主要材料运输里程均为500km，见表27-4；

表27-4　设备、主材各项费率

序号	费用项目名称	需要安装的设备费率	电缆类主材费率	光缆类主材费率	其他类主材费率
1	运杂费	2.0%	1.5%	2.0%	5.4%
2	运输保险费	0.4%	0.1%	0.1%	0.1%
3	采购及保管费	0.82%	1.0%	1.0%	1.0%

③本站分摊的勘察设计费为5200元；

④建设工程监理费为600元；

⑤"建设用地及综合赔补费"、"项目建设管理费"、"可行性研究费"、"环境影响评价费"、"建设期利息"等费用在单项工程总预算中计列；

⑥其他未说明的费用均按费用定额规定的取费原则、费率和计算方法进行计取。

3．工程技术经济指标分析（略）。

4．其他需说明的问题（略）。

（二）预算表格

（1）工程预算总表（表一）（表格编号：TSW-1）；

（2）建筑安装工程费用预算表（表二）（表格编号：TSW-2）；

（3）建筑安装工程量预算表（表三）甲（表格编号：TSW-3甲）；

（4）建筑安装工程仪器仪表使用费预算表（表三）丙（表格编号：TSW-3丙）；

（5）器材预算表（表四）甲（主要材料表）（表格编号：TSW-4甲A）；

（6）器材预算表（表四）甲（需要安装的设备表）（表格编号：TSW-4甲B）；

（7）工程建设其他费预算表（表五）甲（表格编号：TSW-5甲）。

预算总表（表一）

单项工程名称：基站设备单项工程

单位工程名称：XX 基站设备安装工程建设单位名称：XX 移动通信公司

表格编号：TSW-1　　　第全页

序号	表格编码	费用名称	小型建筑工程费	需要安装的设备费	不需要安装的设备、工器具费	建筑安装工程费	其他费用	预备费	总价值			
					（元）				除税价（元）	增值税（元）	含税价（元）	其中外币
I	II	III	IV	V	VI	VII	VIII	IX	X	XI	XII	XIII
1	TSW-2、4甲B	工程费		97542.90		40879.96			138422.86	16359.77	154782.63	
2	TSW-5甲	工程建设其他费					6413.20		6413.20	403.19	6816.39	
3		合计		97542.90		40879.96	6413.20		144836.06	16762.96	161599.02	
4		预备费										
5		建设期利息										
6		总计		97542.90		40879.96	6413.20		144836.06	16762.96	161599.02	
7		其中回收费用										
8												
9												
10												
11												
12												
13												
14												

设计负责人：XXX　　　审核：XXX　　　编制：XXX　　　编制日期：年月

单位工程名称：XX 基站设备安装工程　　建设单位名称：XX 移动通信公司
表格编号：TSW-2

建筑安装工程费用预算表（表二）

第全页

序号 I	费用名称 II	依据和计算方法 III	合计（元）IV
—	建安工程费（含税价）	一+二+三+四	44559.16
	建安工程费（除税价）	一+二+三	40879.96
一	直接费	直接工程费+措施费	34113.62
（一）	直接工程费	1至4之和	32084.50
1	人工费	技工费+普工费	8344.23
（1）	技工费	技工日×114元/日	8344.23
（2）	普工费	普工日×61元/日	
2	材料费	主材费+辅材费	22935.27
（1）	主要材料费	国内主材+国外主材	22267.25
（2）	辅助材料费	主要材料费×3%	668.02
3	机械使用费	表三乙-总计	
4	仪表使用费	表三丙-总计	805.00
7	夜间施工增加费	人工费×夜间施工增加费率（2.1%）	175.23
8	冬雨季施工增加费	人工费（室外）×冬雨季施工增加费率（2.5%）	201.74
9	生产工具、用具使用费	人工费×生产工具、用具使用费率（0.8%）	66.75
10	施工用水电蒸气费		
11	特殊地区施工增加费	（技工日+普工日）×8元	
12	已完工程及设备保护费	人工费×费率（1.5%）	125.16
13	运土费		
14	施工队伍调遣费	2×单程调遣费×调遣人数	
15	大型施工机械调遣费	2×单程运价×调遣运距×总吨位	
二	间接费	规费+企业管理费	5097.49
（一）	规费	1至4之和	2811.17
1	工程排污费		

续表

序号	费用名称	依据和计算方法	合计（元）
（二）	措施费	1至15之和	2029.12
1	文明施工费	人工费×文明施工费率（1.1%）	91.79
2	工地器材搬运费	人工费×工地器材搬运费率（1.1%）	91.79
3	工程干扰费	人工费×工程干扰费率（4%）	333.77
4	工程点交、场地清理费	人工费×工程点交、场地清理费率（2.5%）	208.61
5	临时设施费	人工费×临时设施费率（3.8%）	317.08
6	工程车辆使用费	人工费×工程车辆使用费率（5.0%）	417.21

序号	费用名称	依据和计算方法	合计（元）
2	社会保障费	人工费×社会保障费率（28.50%）	2378.11
3	住房公积金	人工费×住房公积金费率（4.19%）	349.62
4	危险作业意外伤害保险费	人工费×危险作业意外伤害保险费率（1%）	83.44
（二）	企业管理费	人工费×企业管理费率（27.4%）	2286.32
三	利润	人工费×利润率（20%）	1668.85
四	销项税额	建安工程费（除税价）＊适用税率	3679.20

设计负责人：XXX 审核：XXX 编制：XXX

编制日期： 年 月

建筑安装工程预算表（表三）甲

单位工程名称：XX 基站设备安装工程

建设单位名称：XX 移动通信公司

表格编号：TSW-3 甲　　第 全 页

序号	定额编号	项目名称	单位	数量	单位定额值（工日）		预算价值（工日）	
					技工	普工	技工	普工
I	II	III	IV	V	VI	VII	VIII	IX
1	TSW2-052	安装基站主设备－机柜／箱嵌入式（DCDU、直流配电单元）	台	1	1.08		1.08	
2	TSW2-052	安装基站主设备－机柜／箱嵌入式（BBU、基带处理单元）	台	1	1.08		1.08	
3	TSW1-032	安装防雷器	个	1	0.25		0.25	
4	TSW2-055	安装室外射频拉远设备（地面铁塔上，40m 以下）	套	3	2.88		8.64	
5	TSW2-056	安装室外射频拉远设备（地面铁塔上，40m 以上至 80m 以下每增加 1m）[数量 ×8]	套	24	0.04		0.96	
6	TSW1-058	布放射频拉远单元（RRU）用光缆	米条	225	0.04		9.00	
7	TSW2-023	安装调测卫星全球定位系统（GPS）天线	副	1	1.80		1.80	
8	TSW2-011	安装定向天线（地面铁塔上，40m 以下）	副	3	6.35		19.05	
9	TSW2-012	安装定向天线（地面铁塔上，40m 以上至 80m 以下每增加 1m）[数量 ×8]	副	24	0.08		1.92	
10	TSW2-027	布放射频同轴电缆 1/2 英寸以下（4 米以下）	条	27	0.20		5.40	
11	TSW2-027	布放射频同轴电缆 1/2 英寸以下（4 米以下）（GPS 馈线）	条	1	0.20		0.20	
12	TSW2-028	布放射频同轴电缆 1/2 英寸以下（每增加 1m）（GPS 馈线）	米条	11	0.03		0.33	
13	TSW2-044	宏基站天、馈线系统调测（1/2 英寸射频同轴电缆）	条	28	0.38		10.64	
14	TSW2-081	配合基站系统测试	扇区	3	1.41		4.23	
15	TSW2-094	配合联网调测	站	1	2.11		2.11	
16	TSW2-095	配合基站割接开通	站	1	1.30		1.30	
17	TSW1-083	封堵馈线窗	个	1	0.75		0.75	
18	TSW1-068	室外布放电力电缆（2 芯）[工日 ×1.1]	十米条	22.5	0.20		4.46	
		合计					73.20	
		其中：室外部分施工工日					70.79	

设计负责人：XXX　　编制：XXX　　审核：XXX　　编制日期：　　年　　月

建筑安装工程量预算表（表三）丙

单位工程名称：XX 铁塔安装工程

建设单位名称：XX 移动通信公司

表格编号：TSW-3 丙　　第全页

序号	定额编号	项目名称	单位	数量	仪表名称	单位定额值（工日）		合计值	
						数量（台班）	单价（元）	数量（台班）	单价（元）
I	II	III	IV	V	VI	VII	VIII	IX	X
1	TSW2-044	宏基站天、馈线系统调测（1/2 英寸射频同轴电缆）	条	28.00	天馈线测试仪	0.05	140.00	1.40	196.00
2	TSW2-044	宏基站天、馈线系统调测（1/2 英寸射频同轴电缆）	条	28.00	操作测试终端（电脑）	0.05	125.00	1.40	175.00
3	TSW2-044	宏基站天、馈线系统调测（1/2 英寸射频同轴电缆）	条	28.00	互调测试仪	0.05	310.00	1.40	434.00
		合计							805.00

设计负责人：XXX　　　　审核：XXX　　　　编制：XXX　　　　编制日期：　　年　　月

国内器材预算表（表四）甲
（主要材料表）

单位工程名称：XX基站设备安装工程　　建设单位名称：XX移动通信公司　　表格编号：TSW-4甲A　　第全页

序号	费用名称	规格程式	单位	数量	单价（元）除税价	合价（元）除税价	合价（元）增值税	合价（元）含税价	备注
I	II	III	IV	V	VI	IX	X	XI	XII
1	馈线（射频同轴电缆）	1/2英寸	m	97.92	80.00	7833.60			
2	射频拉远单元电源电缆	RVVZ-2×6mm²	m	225.00	50.00	11250.00			
	(1) 电缆类小计1					19083.60			
	(2) 运杂费（小计1×1.5%）					286.25			
	(3) 运输保险费（小计1×0.1%）					19.08			
	(4) 采购保险费（小计1×1%）					190.84			
	(5) 电缆类合计1					19579.77			
3	室外光缆	2芯	m	225.00	10.00	2250.00			
	(1) 光缆类小计2					2250.00			
	(2) 运杂费（小计2×2.0%）					45.00			
	(3) 运输保险费（小计2×0.1%）					2.25			
	(4) 采购保险费（小计2×1%）					22.50			
	(5) 光缆类合计2					2319.75			
4	螺栓	M10×40	套	4.04	1.00	4.04			
5	馈线卡子	1/2英寸以下	套	13.30	10.00	133.00			
6	接线端子	6mm²	个/条	45.68	1.00	45.68			
	(1) 其他类小计3					182.72			
	(2) 运杂费（小计3×5.4%）					9.87			
	(3) 运输保险费（小计3×0.1%）					0.18			
	(4) 采购保险费（小计3×1%）					1.83			
	(5) 其他类合计3					194.59			
	总计（合计1+合计2+合计3）					21899.52			

设计负责人：XXX　　审核：XXX　　编制：XXX　　编制日期：　年　月

国内器材预算表（表四）甲

（需安装设备表）

单位工程名称：XX 基站设备安装工程建设单位名称：XX 移动通信公司表格编号：TSW-4甲B 第 全页

序号	费用名称	规格程式	单位	数量	单价（元）	合计（元）			备注
					除税价	除税价	增值税	合税价	
I	II	III	IV	V	VI	IX	X	XI	XII
1	TD-LTE 定向天线		副	3.00	12000.00	36000.00	4680.00	40680.00	
2	TD-LTE 基带单元		台	1.00	20000.00	20000.00	2600.00	22600.00	
3	射频拉远单元		台	3.00	9000.00	27000.00	3510.00	30510.00	
4	GPS 防雷器		个	1.00	1000.00	1000.00	130.00	1130.00	
5	GPS 天线		副	1.00	5500.00	5500.00	715.00	6215.00	
6	直流配电单元		台	1.00	5000.00	5000.00	650.00	5650.00	
	（1）小计					94500.00	12285.00	106785.00	
	（2）运杂费（小计 ×2%）					1890.00	245.70	2135.70	
	（3）运输保险费（小计 ×0.4%）					378.00	49.14	427.14	
	（4）采购保管费（小计 ×0.82%）					774.90	100.74	875.64	
	合计：（1）～（4）之和					97542.90	12680.58	110223.48	

设计负责人：XXX　　　　审核：XXX　　　　编制：XXX　　　　编制日期：　年　月

工程建设其他费用预算表（表五）甲

单位工程名称：XX 基站设备安装工程						
工程名称：XX 基站设备安装工程						
建设单位名称：XX 移动通信公司			表格编号：TSW-5 甲			
						第 全 页

序号	费用名称	计算依据及方法	金额（元）			备注
			除税价	增值税	含税价	
I	II	III	IV	V	VI	VII
1	建设用地及综合赔补费					
2	项目建设管理费					
3	可行性研究费					
4	研究试验费					
5	勘察设计费	已知	5200.00	312.00	5512.00	不含税，增值税税率6%
6	环境影响评价费					
7	建设工程监理费	已知	600.00	36.00	636.00	不含税，增值税税率6%
8	安全生产费	建筑安装工程费（除税价）×1.5%	613.20	55.19	668.39	不含税，增值税税率9%
9	引进技术及引进设备其他费					
10	工程保险费					
11	工程招标代理费					
12	专利及专利技术使用费					
13	其他费用					
14	总计		6413.20	403.19	6816.39	
15	生产准备及开办费（运营费）					

设计负责人：XXX　　　　审核：XXX　　　　编制：XXX　　　　编制日期：　年　月

第六节　二阶段施工图预算编制案例

一、工程概况

（一）本工程为 ×× 管道及架空光缆线路单项工程。

（二）已知条件

1．本工程为 ×× 管道及架空光缆线路单项工程一阶段设计。

2．本工程施工企业驻地距施工现场 52Km；工地所在地区为北京市城区，为非特殊地区。

3．本工程勘察设计费（除税价）3500 元，监理费（除税价）2000 元。

4．本工程不计列"施工用水电蒸汽费"、"运土费"、"工程排污费"、"建设用地及综合赔补费"、"项目建设管理费"、"可行性研究费"、"研究试验费"、"环境影响评价费"、"工程保险费"、"工程招标代理费"、"其他费用"、"生产准备及开办费"、"建设期利息"。

5．本工程主材运距均为 800km。

6．本工程采用一般计税方式，材料均由建筑服务方提供，所需主材及单价见表 28-1。

表 28-1　主材及单价

序号	主材名称	规格型号	主材单位	主材单价（除税）	增值税税率
1	光缆	48 芯	m	7.20	17%
2	保护软管		m	1.50	17%
3	镀锌铁线	Φ1.5	Kg	8.80	17%
4	聚乙烯波纹管		m	1.50	17%
5	胶带	PVC	盘	8.00	17%
6	光缆托板		块	11.50	17%
7	托板垫		块	0.80	17%
8	余缆架		套	45.00	17%
9	聚乙烯塑料管	Φ32	m	2.00	17%
10	固定堵头		个	2.80	17%

续表

序号	主材名称	规格型号	主材单位	主材单价（除税）	增值税税率
11	塞子		个	5.00	17%
12	引上钢管	Φ50 直管	根	95.00	17%
13	引上钢管	Φ50 弯管	根	20.00	17%
14	镀锌铁线	Φ4.0	Kg	8.80	17%
15	光缆成端接头材料		套	4.50	17%
16	光缆交接箱	288 芯	台	3600.00	17%
17	软铜绞线	7/1.33	Kg	20.00	17%
18	铜线鼻子		个	4.00	17%
19	电缆挂钩	35#	个	0.25	17%

（三）设计图纸及说明

1．光缆工程路由图见图 28-2。

2．光缆工程施工图见图 28-3。

3．图纸说明：

（1）工程在城区内施工，本工程所使用光缆为束状光缆，架空部分采用挂钩法（利旧原有杆路及钢绞线）敷设光缆，管道部分需布放子管做保护，不需要安装光缆标志牌

（2）光缆引下处需在原有水泥杆上新建引上钢管，管径 50mm；

（3）本工程不考虑光缆自然弯曲系数及其他损耗

（4）光缆单盘测试按单窗口取定，不进行偏正模色散测试

（5）本工程所在中继段长为 25km，中继段光缆测试按单窗口取定，不进行偏正模色散测试

（6）36# 手孔有积水，其余手孔无积水

（7）穿放引上光缆长 10m，其中有 5m 经原有管道穿放，需用塑料管保护

（8）本工程无需新建光缆交接箱基座，已有地线保护

（9）本工程不计有毒有害气体检测仪和可燃气体检测仪两种仪表用量

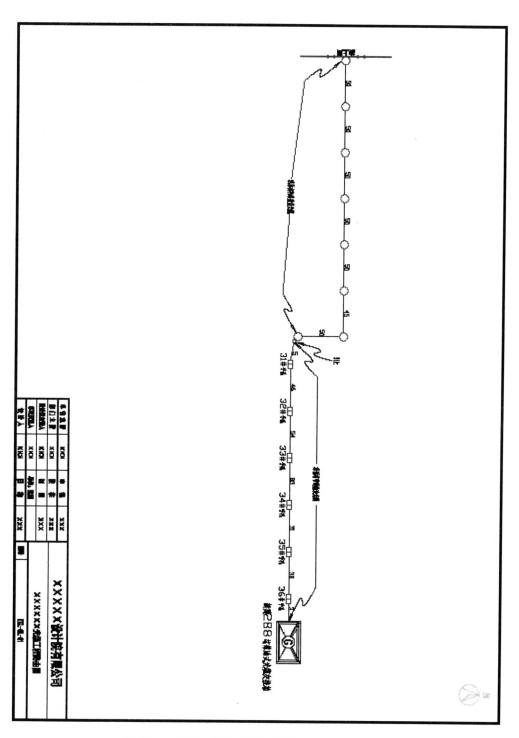

图 28-2　光缆工程路由图（图号：TXL-GL-01）

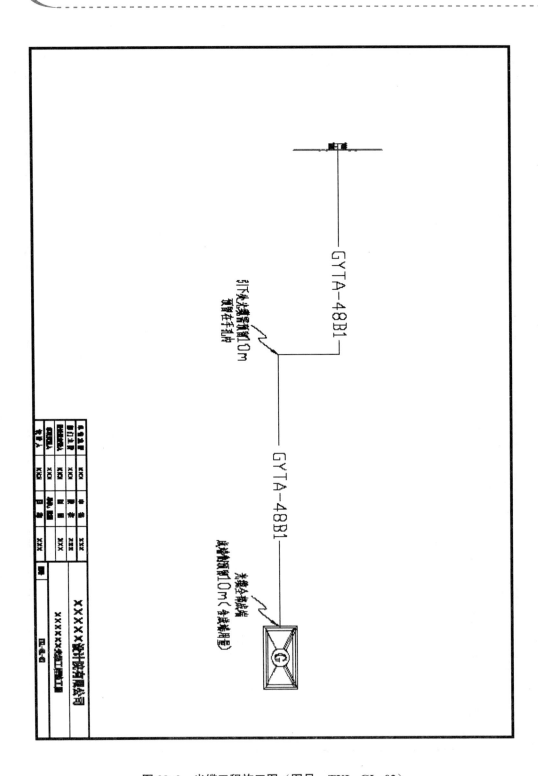

图 28-3　光缆工程施工图（图号：TXL-GL-02）

二、统计工程量及主材用量

（一）选用预算定额子目

根据已知条件工作内容，选用预算定额子目见表28-4。

表 28-4　选用定额子目

序号	项目名称	定额编号	定额单位
1	光（电）缆工程施工测量 – 架空	TXL1-002	100m
2	光（电）缆工程施工测量 – 管道	TXL1-003	100m
3	光缆单盘检验	TXL1-006	芯盘
4	城区挂钩法架设架空光缆 -72 芯以下	TXL3-193	千米条
5	布放光（电）缆手孔抽水	TXL4-003	个
6	人工敷设塑料子管 -1 孔子管	TXL4-004	Km
7	敷设管道光缆 -48 芯以下	TXL4-013	千米条
8	安装引上钢管（φ50 以下）– 杆上	TXL4-043	套
9	穿放引上光缆	TXL4-050	条
10	光缆成端接头	TXL6-005	芯
11	40km 以下光缆中继段测试 -48 芯以下	TXL6-075	中继段
12	安装光缆落地式交接箱 -288 芯以下	TXL7-043	个

（二）计算工作量

根据已知条件，工程量计算结果见表28-5。

表 28-5　　工程量计算结果

序号	项目名称	定额编号	定额单位	工程量
1	光（电）缆工程施工测量 – 架空	TXL1-002	100m	3.450
2	光（电）缆工程施工测量 – 管道	TXL1-003	100m	2.600
3	光缆单盘检验	TXL1-006	芯盘	48.000
4	城区挂钩法架设架空光缆 -72 芯以下	TXL3-193	千米条	0.345
5	布放光（电）缆手孔抽水	TXL4-003	个	1.000
6	人工敷设塑料子管 -1 孔子管	TXL4-004	Km	0.260
7	敷设管道光缆 -48 芯以下	TXL4-013	千米条	0.280
8	安装引上钢管（φ50 以下）– 杆上	TXL4-043	套	1.000
9	穿放引上光缆	TXL4-050	条	1.000
10	光缆成端接头 – 束状	TXL6-005	芯	48.000
11	40km 以下光缆中继段测试 -48 芯以下	TXL6-075	中继段	1.000
12	安装光缆落地式交接箱 -288 芯以下	TXL7-043	个	1.000

（三）计算主要材料用量

根据已知条件，各子目材料用量见表 28-6，计算主要材料用量见表 28-7。

表 28-6　各子目材料用量

项目名称	定额编号	工程量	主材名称	规格型号	主材单位	主材用量统计
城区挂钩法架设架空光缆 -72 芯以下	TXL3-193	0.345	光缆	48 芯	m	347.415
			保护软管		m	8.625
			镀锌铁线	Φ1.5	Kg	0.352
			电缆挂钩	35#	个	710.7
人工敷设塑料子管 -1 孔子管	TXL4-004	0.260	聚乙烯塑料管	Φ32	m	265.2
			固定堵头		个	6.318
			塞子		个	6.37
			镀锌铁线	Φ1.5	Kg	0.793
敷设管道光缆 -48 芯以下	TXL4-013	0.280	聚乙烯波纹管		m	7.746
			胶带	PVC	盘	14.560
			光缆	48 芯	m	284.200
			光缆托板		块	13.580
			托板垫		块	13.580
			余缆架		套	2.000
			镀锌铁线	Φ1.5	Kg	0.854
安装引上钢管（Φ50 以下）-杆上	TXL4-043	1.000	引上钢管	Φ50 直管	根	1.010
			引上钢管	Φ50 弯管	根	1.010
			镀锌铁线	Φ4.0	Kg	1.200
穿放引上光缆	TXL4-050	1.000	光缆	48 芯	m	5.000
			聚乙烯塑料管	Φ32	m	5.000
			镀锌铁线	Φ1.5	Kg	0.100
光缆成端接头	TXL6-005	48.000	光缆成端接头材料		套	48.480
安装光缆落地式交接箱 -288 芯以下	TXL7-042	1.000	光缆交接箱	288 芯	台	1.000
			软铜绞线	7/1.33	Kg	0.200
			铜线鼻子		个	2.020

表 28-7 主要材料用量

主材名称	规格型号	主材单位	主材用量汇总	主材用量
光缆	48 芯	m	347.415+284.200+5.000	636.615
保护软管		m	8.625	8.625
镀锌铁线	Φ1.5	Kg	0.352+0.793+0.854+0.100	2.099
聚乙烯波纹管		m	7.746	7.746
胶带	PVC	盘	14.560	14.560
光缆托板		块	13.580	13.580
托板垫		块	13.580	13.580
余缆架		套	2.000	2.000
聚乙烯塑料管	Φ32	m	265.200+5.000	270.200
固定堵头		个	6.318	6.318
塞子		个	6.37	6.37
引上钢管	Φ50 直管	根	1.010	1.010
引上钢管	Φ50 弯管	根	1.010	1.010
镀锌铁线	Φ4.0	Kg	1.200	1.200
光缆成端接头材料		套	48.480	48.480
光缆交接箱	288 芯	台	1.000	1.000
软铜绞线	7/1.33	Kg	0.200	0.200
铜线鼻子		个	2.020	2.020
光缆挂钩	35#	个	710.7	710.7

三、施工图预算编制

（一）预算编制说明

1. 工程概况

本工程为××管道及架空光缆线路单项工程，本设计为一阶段设计，预算总价值为 30996.99 元。其中建安费 23548.61 元，工程建设其他费 6183.23 元，预备费 1265.15 元；总工日为 39.55，其中技工工日 27.09，普工工日 12.46。

2．编制依据及对采用的取费标准和计算方法

（1）编制依据

1）施工图设计图纸及说明；

2）工信部规××《关于发布〈通信建设工程概算预算编制办法〉及相关定额的通知》；

3）《住宅区和住宅建筑内光纤到户通信设施工程常用材料、设备价格信息手册》。

（2）有关费用与费率的取定

1）本工程为一阶段设计，总预算计列预备费，费率为4%；

2）主材运杂费费率取定：光缆类运距按800km以内取定为2.2%；其他类运距按800km以内取定为7.2%；塑料及塑料制品类运距按800km以内取定为6.9%；

3）主材不计采购代理服务费；

4）本工程主材由建筑服务方提供，适用税率为11%；本工程设计费及监理费适用税率为6%；本工程安全生产费适用税率为11%；本工程预备费税率为17%；

4）已知条件不具备的相关项目费用不计取。

3．工程技术经济指标分析

本单项工程总投资30996.99元。本工程共计敷设48芯光缆0.64皮长公里，平均每皮长公里造价48432.16，平均芯公里造价1009.01。

4．其他需说明的问题（略）

（二）预算表格

1．工程预算总表（表一）（表格编号：TXL-1）；

2．建筑安装工程费用预算表（表二）（表格编号：TXL-2）；

3．建筑安装工程量预算表（表三）甲（表格编号：TXL-3甲）；

4．建筑安装工程机械使用费预算表（表三）乙（表格编号：TXL-3乙）；

5．建筑安装工程仪器仪表使用费预算表（表三）丙（表格编号：TXL-3丙）；

6．国内器材预算表（表四）甲（表格编号：TXL-4甲A）；

7．工程建设其他费预算表（表五）甲（表格编号：TXL-5甲）。

工程预算总表（表一）

工程名称：××管道及架空光缆线路单项工程

单项工程名称：××管道及架空光缆线路单项工程

建设单位名称：××××　　　表格编号：TXL-1　　　第全页

序号	表格编号	费用名称	小型建筑工程费	需要安装的设备费	不需安装的设备、工器具费	建筑安装工程费	其他费用	预备费	总价值			其中外币○
									除税价	增值税	含税价	
I	II	III	IV	V	VI	VII	VIII	IX	X	XI	XII	XIII
1		建筑安装工程费				21214.96			21214.96	2333.65	23548.61	
2		工程建设其他费					5818.22		5818.22	365.00	6183.23	
3		合计				21214.96	5818.22		27033.19	2698.65	29731.84	
4		预备费：（合计×4%）						1081.33	1081.33	183.83	1265.15	
5		建设期利息										
6		总计							28114.52	2882.48	30996.99	
7		其中回收费用										

负责人：×××　　审核：×××　　编制：×××　　编制日期：××××年××月

建筑安装工程费用预算表（表二）

单项工程名称：××管道及架空光缆线路单项工程　　建设单位名称：××××　　表格编号：TXL-2　　第全页

序号	费用名称	依据和计算方法	合计（元）
I	II	III	IV
	建筑安装工程费（含税价）	一+二+三+四	23548.61
	建筑安装工程费（除税价）	一+二+三	21214.96
一	直接费	（一）+（二）	18094.33
（一）	直接工程费	1+2+3+4	15452.85
1	人工费	（1）+（2）	3848.36
（1）	技工费	技工总工日×114	3088.51
（2）	普工费	普工总工日×61	759.85
2	材料费	（1）+（2）	10340.01
（1）	主要材料费	国内主要材料费	10309.08
（2）	辅助材料费	主要材料费×0.30%	30.93
3	机械使用费	机械费合计	219.26
4	仪表使用费	仪表费合计	1045.22
（二）	措施费	1+2+3+…+15	2641.48
1	文明施工费	人工费×1.50%	57.73
2	工地器材搬运费	人工费×3.40%	130.84
3	工程干扰费	人工费×6.00%	230.90
4	工程点交、场地清理费	人工费×3.30%	127.00
5	临时设施费	人工费×5.00%	192.42
6	工程车辆使用费	人工费×5.00%	192.42
7	夜间施工增加费	人工费×2.50%	96.21
8	冬雨季施工增加费	人工费×1.80%	69.27
9	生产工具用具使用费	人工费×1.50%	57.73
10	施工用水电蒸气费	按实计列	0.00
11	特殊地区施工增加费	总工日×特殊地区补贴金额	0.00
12	已完工程及设备保护费	人工费×2.00%	76.97
13	运土费	工程量×运费单价	0.00
14	施工队伍调遣费	2×[单程调遣费定额×调遣人数]	1410.00
15	大型施工机械调遣费	2×[调遣用车运价×调遣运距]	0.00
二	间接费	（一）+（二）	2350.96
（一）	规费	1+2+3+4	1296.51
1	工程排污费		0.00
2	社会保障费	人工费×28.50%	1096.78
3	住房公积金	人工费×4.19%	161.25
4	危险作业意外伤害保险费	人工费×1.00%	38.48
（二）	企业管理费	人工费×27.40%	1054.45
三	利润	人工费×20.00%	769.67
四	销项税额	建筑安装工程费（除税价）×适用税率	2333.65

负责人：×××　　审核：×××　　编制：×××　　编制日期：××××年××月

建筑安装工程量预算表（表三）甲

单项工程名称：×× 管道及架空光缆线路单项工程

建设单位名称：××××　　表格编号：TXL-3甲　　第全页

序号	定额编号	项目名称	单位	数量	单位定额值（工日）		合计值（工日）	
					技工	普工	技工	普工
I	II	III	IV	V	VI	VII	VIII	IX
1	TXL1-002	光（电）缆工程施工测量－架空	100m	3.450	0.46	0.12	1.59	0.41
2	TXL1-003	光（电）缆工程施工测量－管道	100m	2.600	0.35	0.09	0.91	0.23
3	TXL1-006	光缆单盘检验	芯盘	48.000	0.02	0.00	0.96	0.00
4	TXL3-193	城区挂钩法架设架空光缆－72芯以下	千米条	0.345	9.93	7.79	3.43	2.69
5	TXL4-003	布放光（电）缆手孔抽水	个	1.000	0.13	0.25	0.13	0.25
6	TXL4-004	人工敷设塑料子管－1孔子管	Km	0.260	4.00	5.57	1.04	1.45
7	TXL4-013	敷设管道光缆－48芯以下	千米条	0.280	8.02	15.35	2.25	4.30
8	TXL4-043	安装引上钢管（Φ50以下）－杆上	套	1.000	0.20	0.20	0.20	0.20
9	TXL4-050	穿放引上光缆	条	1.000	0.52	0.52	0.52	0.52
10	TXL6-005	光缆成端接头	芯	48.000	0.15	0.00	7.20	0.00
11	TXL6-075	40km以下光缆中继段测试－48芯以下	中继段	1.000	4.56	0.00	4.56	0.00
12	TXL7-043	安装光缆落地式交接箱－288芯以下	个	1.000	0.78	0.78	0.78	0.78
		合计					23.56	10.83
		工程总共工日100工日以下调整（系数：1.15）					3.53	1.62
		总计					27.09	12.46

负责人：×××　　编制：×××　　审核：×××　　编制日期：××××年×××月

建筑安装工程机械使用费预算表（表三）乙

表格编号：TXL-3 乙

单项工程名称：×× 管道及架空光缆线路单项工程

建设单位名称：××××

第全页

序号	定额编号	项目名称	单位	数量	仪表名称	单位定额值				合计值	
						数量（台班）	单价（元）	数量（台班）	单价（元）	数量（台班）	合价（元）
I	II	III	IV	V	VI	VII	VIII	IX	X
1	TXL4-003	布放光（电）缆手孔抽水	个	1.000	抽水机	0.10	119.00	0.10	11.90
2	TXL6-005	光缆成端接头	芯	48.000	光纤熔接机	0.03	144.00	1.44	207.36
					合计					219.26

设计负责人：××××   审核：××××   编制：××××   编制日期：××××年××月

建筑安装工程仪器仪表使用费预算表（表三）丙

单项工程名称：××管道及架空光缆线路单项工程

建设单位名称：××××　　表格编号：TXL-3 丙　　第全页

序号	定额编号	项目名称	单位	数量	仪表名称	单位定额值		合计值	
						数量（台班）	单价（元）	数量（台班）	单价（元）
1	TXL1-002	光（电）缆工程施工测量-架空	100m	3.450	激光测距仪	0.05	119.00	0.17	20.53
2	TXL1-003	光（电）缆工程施工测量-管道	100m	2.600	激光测距仪	0.04	119.00	0.10	12.38
3	TXL1-006	光缆单盘检验	芯盘	48.000	光时域反射仪	0.05	153.00	2.40	367.20
4	TXL6-005	光缆成端接头	芯	48.000	光时域反射仪	0.05	153.00	2.40	367.20
5	TXL6-075	40km以下光缆中继段测试-48芯以下	中继段	1.000	光时域反射仪	0.72	153.00	0.72	110.16
6	TXL6-075	40km以下光缆中继段测试-48芯以下	中继段	1.000	稳定光源	0.72	117.00	0.72	84.24
7	TXL6-075	40km以下光缆中继段测试-48芯以下	中继段	1.000	光功率计	0.72	116.00	0.72	83.52
					合计				1045.22

负责人：×××　　编制：×××　　审核：×××　　编制日期：××××年××月

国内器材预算表（表四）甲

（主要材料表）

单项工程名称：×××管道及架空光缆线路单项工程　　建设单位名称：××××　　表格编号：TXL-4甲A　　第1页

序号	名称	规格程式	单位	数量	单价（元）除税价	合计（元）除税价	增值税	含税价	备注
I	II	III	IV	V	VI	IX	X	XI	XII
1	光缆	48芯	m	636.62	7.20	4583.63			
	光缆类小计					4583.63			
	运杂费					100.84			
	运输保险费					4.58			
	采购保管费					50.42			
	光缆类合计					4739.47			
2	聚乙烯塑料管	Φ32	m	270.20	2.00	540.40			
3	聚乙烯波纹管		m	7.75	1.50	11.62			
4	保护软管		m	8.63	1.50	12.94			
5	胶带	PVC	盘	14.56	8.00	116.48			
6	光缆托板		块	13.58	11.50	156.17			
7	托板垫		块	13.58	0.80	10.86			
8	固定堵头		个	6.32	2.80	17.69			
9	塞子		个	6.37	5.00	31.85			
10	光缆成端接头材料		套	48.48	4.50	218.16			
	塑料及塑料制品类小计					1116.17			
	运杂费					77.02			

负责人：×××　　审核：×××　　编制：×××　　编制日期：××××年×××月

国内器材预算表（表四）甲

（主要材料表）

单项工程名称：××管道及架空缆线路单项工程　　建设单位名称：××××　　表格编号：TXL-4甲A　　第2页

序号	名称	规格程式	单位	数量 除税价	单价（元） 除税价	合计（元） 增值税	合计（元） 含税价	备注
	运输保险费					1.12		
	采购保管费					12.28		
	塑料及塑料制品类合计					1206.58		
11	镀锌铁线	Φ1.5	Kg	2.10	8.80	18.47		
12	余缆架		套	2.00	45.00	90.00		
13	镀锌铁线	Φ4.0	Kg	1.20	8.80	10.56		
14	光缆交接箱	288芯	台	1.00	3600.00	3600.00		
15	软铜绞线	7/1.33	Kg	0.20	20.00	4.00		
16	铜线鼻子		个	2.02	4.00	8.08		
17	电缆挂钩	35#	个	710.70	0.25	177.68		
18	引上钢管	Φ50直管	根	1.01	95.00	95.95		
19	引上钢管	Φ50弯管	根	1.01	20.00	20.20		
	其他类小计					4024.94		
	运杂费					289.80		
	运输保险费					4.02		
	采购保管费					44.27		
	其他类合计					4363.03		
	总计					10309.08		

负责人：×××　　审核：×××　　编制：×××　　编制日期：××××年××月

工程建设其他费用预算表（表五）甲

单项工程名称：××管道及架空光缆线路单项工程

建设单位名称：××××

表格编号：TXL-5 甲

第全页

序号	费用名称	计算依据及方法	金额（元）			备注
			除税价	增值税	含税价	
Ⅰ	Ⅱ	Ⅲ	Ⅳ	Ⅴ	Ⅵ	Ⅶ
1	建设用地及综合赔补费					
2	项目建设管理费					
3	可行性研究费					
4	研究试验费					
5	勘察设计费	条件已知	3500.00	210.00	3710.00	
6	环境影响评价费					
7	建设工程监理费	条件已知	2000.00	120.00	2120.00	
8	安全生产费	建筑安装工程费（除税价）×1.5%	318.22	35.00	353.23	
9	引进技术及进口设备其它费					
10	工程保险费					
11	工程招标代理费					
12	专利及专利技术使用费					
13	其他费用					
	总计		5818.22	365.00	6183.23	
14	生产准备及开办费（运营费）					

负责人：×××

审核：×××

编制：×××

编制日期：××××年××月

第六章　建设项目招投标与合同价款的约定

第一节　建设项目招投标与工程造价

一、建设项目招投标概述

（一）招标投标的概念

招标投标是市场经济中的一种竞争方式，通常适用于大宗交易。它的特点是由唯一的买主（或卖主）设定标的，招请若干个卖主（或买主）通过报价进行竞争，从中选择优胜者与之达成交易协议，随后按协议实现标的。

建设项目招标投标是国际上广泛采用的业主择优选择承包商的主要交易方式。招标的目的是为计划兴建的建设项目选择适当的承包商，将全部或部分工作委托给相应的承包商负责完成。承包商则通过投标竞争，决定自己的生产任务和销售对象，也就是使产品得到社会的承认，从而完成生产计划并实现盈利计划。为此承包商必须具备一定的条件，才有可能在投标竞争中获胜，为业主所选中。这些条件主要是一定的技术、经济实力和管理经验，能胜任承包的任务、效率高、价格合理和信誉良好。

建设项目招标投标制是在市场经济条件下产生的，因而必然受竞争机制、供求机制、价格机制的制约。招标投标意在竞争，防止垄断。

（二）建设工程实行招投标对工程造价的影响

建设工程招投标制度是我国建筑业和固定资产投资管理体制改革的主要内容之一，也是我国建筑市场走向规范化的重要举措之一。建设工程招投标制度的推行，使计划经济条件下建设任务的发包从以计划分配为主转变到以投标竞争为主，使我国工程建设承发包方式发生了质的变化。推行建设工程招投标制度，对降低工程造价，进而使工程造价得到合理的控制具有非常重要的影响。这种重要影响主要表现在以下几个方面。

1．推行招投标制度基本形成了由市场定价的价格机制，使工程价格更加趋于合理。推行招投标制度最明显的表现是若干投标人之间出现激烈竞争（相互竞标），这种市场竞争最直接、最集中的表现就是在价格上的竞争。通过竞争确定出工程价格，使其趋于合理或下降，这将有利于节约投资、提高投资效益。

2．推行招投标制度能够不断降低社会平均劳动消耗水平使工程价格得到有效控制。在建筑市场中，不同投标者的个别劳动消耗水平是有差异的。通过推行招投标总是那些个别劳动消耗水平最低或接近最低的投标者获胜，这样便实现了生产力资源较优配置，也对不同投标者实行了优胜劣汰。面对激烈竞争的压力，为了自身的生存与发展，每个投标者都必须切实在降低自己个别劳动消耗水平上下功夫，这样将逐步而全面地降低社会平均劳动消耗水平，使工程价格更为合理。

3．推行招投标制度便于供求双方更好地相互选择，使工程价格更加符合价值基础，进而更好地控制工程造价。由于供求双方各自出发点不同，存在利益矛盾，因而单纯采用"一对一"的选择方式，成功的可能性较小。采用招投标方式就为供求双方在较大范围内进行相互选择创造了条件，为需求者与供给者在最佳点上结合提供了可能。需求者对供给者选择的基本出发点是"择优选择"，即选择那些报价较低、工期较短、具有良好业绩和管理水平的供给者，这样即为合理控制工程造价奠定了基础。

4．推行招投标制度有利于规范价格行为，使公开、公平、公正的原则得以贯彻。我国招投标活动有特定的机构进行管理，有严格的程序必须遵循，有高素质的专家支持系统、工程技术人员的群体评估与决策，能够避免盲目过度的竞争和营私舞弊现象的发生，对建筑领域中的腐败现象也是强有力的遏制，使价格形成过程变得透明而较为规范。

5．推行招投标制度能够减少交易费用，节省人力、物力、财力，进而使工程造价有所降低。我国目前从招标、投标、开标、评标直至定标，均有一些法律、法规规定，已进入制度化操作。招投标中，若干投标人在同一时间、地点报价竞争，在专家支持系统的评估下，以群体决策方式确定中标者，必然减少交易过程的费用，这本身就意味着招标人收益的增加，对工程造价必然产生积极的影响。

（三）建设工程招标的范围

《招标投标法》规定，在中华人民共和国境内，下列工程建设项目包括项目的勘察、设计、施工、监理以及工程建设有关的重要设备、材料等的采购，必须进行招标：

（1）大型基础设施、公共事业等社会公共利益、公共安全的项目。

（2）全部或者部分使用国家资金投资或者国家融资的项目。

（3）使用国际组织或者外国政府贷款、援助资金的项目。

建设项目的勘察、设计，采用特定专利或者专有技术的，或者其建筑艺术造型有特殊要求的，经项目主管部门批准，可以不进行招标。

任何单位和个人不得将依法必须进行招标的项目化整为零或者以其他任何方式规避招标。

具体招标范围的界定，按照各省、自治区、直辖市及有关部门的规定执行。

（四）建设项目招标的分类

1．建设项目总承包招标

建设项目总承包招标，又叫建设项目全过程招标，在国外称之为"交钥匙工程"招标，它是指从项目建议书开始，包括可行性研究报告、勘察设计、设备材料询价与采购、工程施工、生产准备、试运行，直至竣工投产、交付使用过程实行招标。总承包商根据业主所提出的建设项目要求，对项目建议书、可行性研究、勘察设计、设备询价采购、材料订货、工程施工、职工培训、试运行、竣工投产等实行全面报价投标。

2．工程勘察设计招标

工程勘察设计招标，是指业主就拟建工程的勘察和设计任务以法定方式吸引勘察单位和设计单位参加竞争，经业主审查获得投标资格的勘察、设计单位，按照招标文件的要求，在规定时间内向招标单位填报投标书，业主从中择优确定承包商完成工程勘察或设计任务。

3．工程施工招标

工程施工招标是业主针对工程施工阶段的内容进行的招标，根据工程施工范围的大小及专业不同，可分为全部工程招标、单项工程招标和专业工程招标等。

4．建设监理招标

建设监理招标，是业主通过招标选择监理承包商的行为。

5. 货物招标

货物招标，是业主针对设备、材料供应及设备安装调试等工作进行的招标。

（五）招标文件的组成与内容

建设工程招标文件，既是承包商编制投标文件的依据，也是与将来中标的承包商签订工程承包合同的基础，招标文件中提出的各项要求，对整个招标工作乃至承发包双方都有约束力。建设工程招投标根据标的不同分为许多不同类型，每个类型招标文件编制内容及要求不尽相同。本书仅对建设项目工程施工招标文件的组成与内容做主要介绍。

1. 投标须知

主要包括的主要内容：前附表；总则；工程概况；招标范围及基本要求情况；招标文件的解释、修改、答疑等有关内容；对投标文件的组成、投标报价、递交、修改、撤回等有关内容的要求；标底的编制方法和要求；评标机构的组成和要求；开标的程序、有效性界定及其他有关要求；评标、定标的有关要求和方法；授予合同的有关程序和要求；其他需要说明的有关内容。对于资格后审的招标项目，还要对资格审查所需提交的资料提出具体的要求。

2. 合同主要条款

主要包括的内容有：所采用的合同文本；质量要求；工期的确定及顺延要求；安全要求；合同价款与支付办法；材料设备的采购与供应；工程变更的价款确定方法和有关要求；竣工验收与结算的有关要求；违约、索赔、争议的有关处理办法；其他需要说明的有关条款。

3. 投标文件格式

对投标文件的有关内容的格式作出具体规定。

4. 工程量清单

采用工程量清单招标的，应当提供详细的工程量清单。《建设工程工程量清单计价规范》规定：工程量清单由分部分项工程量清单、措施费项目清单、其他项目清单、规费项目清单、税金项目清单组成。

5. 技术条款

主要说明建设项目执行的质量验收规范、技术标准、技术要求等有关内容。

6. 设计图纸

招标项目的全部有关设计图纸。

7．评标标准和方法

评标标准和方法中，应该明确规定所有的评标因素，以及如何将这些因素量化或者据以进行评估。在评标过程中，不得改变这个评标标准、方法和中标条件。

8．投标辅助材料

招标文件要求提交的其他辅助材料。

二、工程勘察设计招投标

工程勘察设计招投标是由具有招标资格的业主单位或招标单位就拟建工程的设计任务发布招标公告，以吸引相应资质的勘察设计单位参加竞争，经招标单位审查符合投标资格的设计单位按照招标文件的要求，在规定的时间内编制并提交投标文件，经评标小组评选，招标单位择优确定中标设计单位来完成工程设计任务的活动。设计招标的目的是鼓励竞争，促使设计单位改进管理，促进设计人员设计出采用先进技术、降低工程造价、缩短工期、提高经济效益的设计文件及施工图纸。勘察设计招投标是工程建设项目一个重要环节。选择一个合适的勘察设计单位对工程建设项目的顺利实施和工程造价的控制具有重要作用，

国家发改委、工信部、财政部、住建部等多部委于2003年发布2013年修正的《工程建设项目勘察设计招标投标办法》，对工程建设项目勘察设计实行招投标的总则、招标、投标、开标、评标和中标、罚则等相关要求作出规定。

招标人可以依据工程建设项目的不同特点，实行勘察设计一次性总体招标；也可以在保证项目完整性、连续性的前提下，按照技术要求实行分段或分项招标。

（一）招标须具备条件和招标方式

依法必须进行勘察设计招标的工程建设项目，在招标时应当具备下列条件：

1．招标人已经依法成立；

2．按照国家有关规定需要履行项目审批、核准或者备案手续的，已经审批、核准或者备案；

3．勘察设计有相应资金或者资金来源已经落实；

4．所必需的勘察设计基础资料已经收集完成；

工程建设项目勘察设计招标分为公开招标和邀请招标。

国有资金投资占控股或者主导地位的工程建设项目，以及国务院发展和改革部门确定的国家重点项目和省、自治区、直辖市人民政府确定的地方重点项目，除符合《工程建设项目勘察设计招标投标办法》第十一条规定条件并依法获得批准外，应当公开招标。

依法必须进行公开招标的项目，在下列情况下可以进行邀请招标：

1. 技术复杂、有特殊要求或者受自然环境限制，只有少量潜在投标人可供选择；

2. 采用公开招标方式的费用占项目合同金额的比例过大。

有前款第二项所列情形，属于按照国家有关规定需要履行项目审批、核准手续的项目，由项目审批、核准部门在审批、核准项目时做出认定；其他项目由招标人申请有关行政监督部门做出认定。

招标人采用邀请招标方式的，应保证有三个以上具备承担招标项目勘察设计的能力，并具有相应资质的特定法人或者其他组织参加投标。

（二）勘察设计招标的流程

1. 招标单位编制招标文件。

2. 招标单位发布招标公告。

3. 招标单位对投标单位进行资格审查。主要审查单位性质和隶属关系，工程设计等级和证书号，单位成立时间和近期承担的主要工程设计情况，技术力量和装备水平以及社会信誉等。

4. 招标单位向合格设计单位发售或发送招标文件。

5. 招标单位组织投标单位勘察工程现场，解决招标文件中的问题。

6. 投标单位编制投标文件并按规定时间、地点密封报送。投标文件内容一般应包括：方案设计综合说明书，方案设计内容和图纸，建设工期，主要施工技术和施工组织方案，工程投资估算和经济分析，设计进度和设计费用。

7. 招标单位当众开标，组织评标，确定中标单位，发出中标通知书。确定中标的依据是设计方案优劣，投入产出经济效益好坏，设计进度快慢，设计资历和社会信誉等。

8. 招标单位与中标单位签订合同。招标单位和中标单位应当自中标通知书发出之日起30日内签订书面设计合同。

（三）招标文件

1. 勘察设计招标文件的编制

设计招标文件编制的质量是关系到设计招标成败的极为关键的问题。它是设计招标过程中一项重要的工作，其重要性体现在三个方面：一是设计招标文件规定了招标设计的内容、范围和深度；二是设计招标文件是提供给投标方的具有法律效力的投标依据；三是设计招标文件是签订设计合同的重要内容。

设计招标文件应公正地处理好招标投标双方的利益，合理地分担经济风险以提高投标方的积极性。招标文件应详细地说明工程设计内容，设计范围和深度，设计进度要求以及设计文件的审查方式。一般来说，设计的范围越广，深度越深，越有利于评定标时把握尺度，量化指标，比较优劣。但过度的要求可能会造成投标方过多的人力、物力、财力的投入，增加其经济风险而降低其投标的积极性。因此，确定适度的设计范围和深度是实际招标文件编制中一个十分重要的技术问题。

2．勘察设计招标文件应当包括下列内容：

（1）投标须知；

（2）投标文件格式及主要合同条款；

（3）项目说明书，包括资金来源情况；

（4）勘察设计范围，对勘察设计进度、阶段和深度要求；

（5）勘察设计基础资料；

（6）勘察设计费用支付方式，对未中标人是否给予补偿及补偿标准；

（7）投标报价要求；

（8）对投标人资格审查的标准；

（9）评标标准和方法；

（10）投标有效期。

（四）招标单位在招标时应注意以下内容

编制合理的招标文件是取得良好招标效果的前提条件。《工程建设项目勘察设计招标投标办法》对于招标文件有明确的要求，招标文件的编制必须满足其要求。招标单位在招标时应注意以下内容：

1．投入本工程的专业力量的要求

信息通信建设工程勘察设计工作专业性很强，而且一般都严格规定设计任务的完成时间要求，为了满足工程进度，保证质量，必须对投标人准备投入工程的专业力量进行明确规定。包括实施勘察设计的项目负责人、项目总工程师、专业技术负责人的简历及身份证、学历证和职称证，并且提供拟投入本工程的主要技术装备的清单等内容。这些内容将作为投标人人员水平和实力的评定重要因素，以及其是否具有履约能力的判定依据。

2. 有关事项的承诺

对一些关键或需要特别注意的事项，在招标文件中可以要求投标方以承诺书形式予以承诺，如信息安全、设计资源配置的真实性、设计进度、质量的承诺

3. 知识产权的保护及保密的要求

目前信息通信工程采用的新技术不断涌现，工程涵盖的范围越来越广，特别是信息化工程、智慧工程如智慧社区、智慧交通等，投标人在投标文件中提交的勘察设计方案可能含有其他方相关的知识产权，有的甚至包括专利成果，招标人或中标人如果采用了此类的技术方案，将来有可能会涉及到关于知识产权的法律纠纷，因此在招标文件中应对此明确规定予以规避。

在工程勘察设计过程中，中标方可能会涉及到业主单位的技术与商业秘密，因此在招标文件中对中标单位应遵守的保密义务、信息安全地要求作出规定，双方应遵守有关保密制度、信息安全，涉及项目方案编制的资料、技术方案、会议及协商内容与决策结果，都属于保密范畴，任何一方都不应该在其他方不知情，不同意的情况下向外透露，如有违反，由违约方承担相应的法律和经济责任。

4. 组织现场查勘及标前答疑会

现场查勘及标前会是勘察设计招标的一个重要环节，通常是在投标人获得了招标文件之后在开标前进行，招标文件一般都明确了现场查勘及标前会的时间、地点、参加人员和组织形式等内容，有的甚至加上了投标人必须按要求参加标前会的规定。由于勘察设计招标是以项目前期工作为基础，包括前期勘察、可研报告等资料，情况复杂，内容繁多，工作量相当大，要在短时间内熟悉项目情况、工作内容。

5. 评标标准问题

由于设计招投标没有标底，因此评标标准在设计招标中具有十分重要的意义，评标标准是否科学合理，是否能客观地衡量设计方案质量的优劣，设计单位的能力水平，是设计招标能否达到预期效果的关键。

（1）先进性标准：体现设计技术水平，反映信息通信行业或地区的先进水平。在坚持先进性原则的同时应注意所选择的先进技术是成功的、成熟可靠的。

（2）适应性标准：在既定条件下，技术运用恰当，设计方案最能体现项目特点，以及市场资源、技术水平、网络安全等的适应性。

（3）系统性标准：在评价方案优劣的指标中，应该且必须遵循系统工程的观点，从整体上去判断设计方案的优劣，不仅要考虑当期工程建设还要考

虑未来网络扩容及运行维护等问题。

（4）效益标准：评标标准一定要体现效益原则，即技术先进、经济合理。

在确定评标标准的同时，还必须考虑评标标准的可操作性问题，即上述那些原则性的标准，怎样转化为可量化的，可操作性的评价体系。

（五）投标单位投标时注意事项

1．详细分析招标文件

招标文件是开展招投标工作的重要依据，为此勘察设计单位必须要严格针对业主单位的招标文件进行详细分析。对该项目的招标文件各项内容进行仔细、认真的研读。明确招标文件当中要求的设计进度、工程特殊要求、投标人资格审查标准、合同条款、组织勘察的时间、地点等。此外，还应该对工程勘察设计招投标报价开展详细把控，明确投标的审评方法和具体内容，对于大型的及属于设计单位战略性的项目必要时应该成立项目投标组织，认真对工程项目标书的各项内容进行分析，做到不缺漏项、不画蛇添足，严格按照招标要求开展标书编制。

2．认真参与工程现场勘察

工程勘察设计单位应该重视工程实地勘察的重要性，认真对待招标单位组织的勘察活动，第一时间掌握工程现场的一手信息，对工程的水文地质、地理条件、气候特点等各项内容进行分析。借助工程勘察工作，获取工程现场的第一手资料，细化各项勘察数据信息内容，并要求招标单位对不够明晰的现场资料进行补充，为标书编制的精准性打下良好的基础保障。

3．把控评标方法和标准

工程勘察设计单位是否可以投标成功，最为关键的之一便是分析评标方法和标准。一般情况下，评标标准分为两大类，分别是技术标与商务标。针对商务标来说，评标时更加注重工程勘察设计单位的业绩、资信；项目主要负责人的技术、资历；人力资源管理以及服务方式；投标单位的财务状况与报价。针对技术标来说，更加注重技术方案是否合理；拟用地施工技术是否具备科学性和创新性；质量安全保障体系是否到位；项目进度与其他技术层次的安排。投标单位要结合招标单位的评标标准，有针对性展现出本单位的实际优势。

4．强化勘察设计组织方案的科学合理性

一般情况下，评标专家委员会的评标文件审核会分成两个过程，符合性审核以及详细审核。针对符合性审核便是对投标单位文件的实质内容是否大致符合招标要求进行评定，只有满足招标要求的标书才能进入到详细审核环节。详细审核则是对标书当中的技术、能力、勘察设计、单位资信、拟派的设计者资历等内容进行审查。评标专家会通过细致的比较，从技术、经济效益和可行性等诸多层面，对投标文件进行分析。投标单位必须要在投标时，科学组织勘察设计方案，把控评标专家的技巧，获取评标环节足够的重视。

总而言之，为了全面展现工程勘察设计招标投标应该发挥的作用，实现项目建设的初衷，必须结合信息通信工程实际情况，明晰招标文件的各项要求，开展实地勘察和招投标答疑，科学合理的评标标准，有效地把控工程投资经济性，在强化工程技术、质量安全、工期的基础上，实现工程建设项目经济效益最大化。

三、工程监理招投标

建设工程监理制是经济社会发展对建设工程管理专业化、市场化、效益化要求的必然结果，在建筑市场，我国正逐渐形成"业主－承包商－监理单位"项目三元管理体制，监理单位作为独立的一方，受业主的委托，对工程项目建设进行管理，对于提高工程建设水平和投资效益，发挥着重要的作用。作为项目业主，选择一个高水准的监理单位来管理项目的实施是一项至关重要的工作。

建设工程项目监理服务属于工程咨询范畴，其基本特点是高技术密集型服务性工作，项目监理主要包括：勘察设计监理；货物采购监理；施工监理。我国目前普遍采用的建设工程监理主要是施工监理，本章节工程监理也是指施工监理服务。

监理招标与工程项目建设中其他各类招标的最大区别是监理单位不承担施工产品的生产任务，只是受招标人委托对工程项目建设过程提供监督、管理、协调、咨询等服务。工程监理招标的标的是工程监理服务。监理服务工作的好坏取决于是否遵循了规范化的管理程序和方法，现场监理工程师的业务专长、经验、判断能力、创新想象力，以及风险意识。工程监理招标的重点是对监理单位能力的选择，业主选择监理单位的目的是得到高质量的技术咨询和管理服务。

（一）工程监理招标形式

工程监理招标可分为公开招标、邀请招标两种。

1. 公开招标

公开招标可使建设单位有较大的选择范围，可在众多投标人中选择经验丰富、信誉良好的工程监理单位，能够大大降低串标、围标、抬标和其他不正当交易的可能性。但缺点是准备招标、资格预审和评标的工作量大，因此，招标时间长，招标费用较高。

国有资金占控股或者主导地位等依法必须进行监理招标的项目，应当采用公开招标方式选择监理单位，委托建设项目的监理任务。

2．邀请招标

邀请招标是指招标单位以邀请书方式邀请特定工程监理单位参加投标，向其发售招标文件，按照招标文件规定的评标方法、标准，从符合投标资格要求的投标人中优选中标人，并与中标人签订建设工程监理合同的过程。邀请招标方式既可节约招标费用，又可缩短招标时间。由于邀请招标属于有限竞争性招标，也称为选择性招标，限制了竞争范围，选择投标人的范围和投标人竞争的空间有限，可能会失去技术和服务方面有竞争力的投标者，失去理想中标人。

（二）工程监理招标程序

工程监理招标程序一般为：招标准备—发出招标公告或投标邀请书—组织资格审查—编制和发售招标文件—组织现场察勘—召开投标预备会或答疑会—投标单位编制和递交投标文件—开标—评标和定标—签订工程监理合同等环节。

（三）招标文件基本内容

招标文件一般包括以下内容：

工程监理单位的基本情况、建设项目监理人员配备、工程监理大纲、试验检测仪器设备及其应用能力、工程监理费用报价。

在工程监理招标时，有的业主往往一时难以提出委托监理任务的全部数据，可以先预估数目，并加注最终以实际完成的数据为准的说明。但是，各建设阶段的主要的数据和任务范围则仍应提出；对目前尚不能提出的任务数据，应提出原则和时间表，使投标人可准确报价和考虑风险系数，不致使投标人有模棱两可的感觉。各阶段监理工作的内容，是指监理实施过程中的三控制、二管理、一协调的具体工作内容。在监理招标文件中要写明白。特别是工程项目特殊的监理要求：如独立、平行检测，旁站监理，预控，方案技术经济评价及额外的监理任务，都要——写入招标文件中。做到事先提出而不致事后想到了再陆续增加监理工作的要求，避免工程监理实施过程发生工作纠纷。

凡属于重要特殊的工程技术要求，特别是新工艺、新技术的使用，在监理招标文件中需提出所遵照的规范和技术标准。对监理人员的基本要求与组成，在监理招标文件中需加以说明。完成监理任务主要是依靠各级别相关的监理人员，监理任务完成的好坏人的因素是首要的。此外，监理的目标在监理招标文件中也应专列一段，监理的目标主要是质量目标；进度目标；投资目标；安全目标；文明施工目标等，要求在投标文件中提出达到这些目标的具体有效措施以及合理化建议。在招标文件中还应要求投标方列出工程质量检测、取样签证的制度；需跟踪监理的关键部位、特殊工序清单；独立、平行检测手段及保证措施及项目清单。

（四）工程监理投标

工程监理投标工作内容包括：投标决策、投标策划、投标文件编制、参加开标及答辩、投标后评估等内容。

1．投标决策。

主要包括两方面内容：一是决定是否参与竞标。二是如果参加投标，应采取什么样的投标策略。

2．投标策划。

是指从总体上规划投标活动的目标、组织、任务分工等。主要包括：

①确投标目标，决定资源的投人。

②成立投标小组并确定任务分工。

3．投标文件编制。

投标文件编制的基本原则包括：

①响应招标文件，保证不被废标；

②认真研究招标文件，深入领会招标文件意图；

③投标文件要内容详细、层次分明、重点突出。

工程监理投标文件的核心是反映监理服务水平高低的监理大纲，尤其是针对工程具体情况制定的监理对策，以及向建设单位提出的原则性建议等。监理大纲一般应包括以下主要内容：

①工程概述；

②监理依据和监理工作内容；

③工程监理实施方案；

④工程监理难点、重点及合理化建议。

4．参加开标及答疑。参加开标和答疑是工程监理单位投标活动需要认真准备的一项重要工作，应按时参加开标、答疑，避免废标情况发生。

5．投标后评估。投标后评估是对投标全过程的分析和总结，对一个成熟的工程监理企业，无论工程监理投标成功与否，投标后评估不可缺少。

（五）评标方法

监理招标的评标主要侧重于对监理单位的资质能力、实施监理任务的计划、派驻现场监理人员的素质，工程监理评标通常采用"综合评标法对各投标人的综合能力进行对比，即：通过衡量投标文件是否最大限度地满足招标文件中规定的各项评价标准，对技术、资源配置、企业资信、业绩、服务报价等因素进行综合评价，从而确定中标人。根据具体分析方式不同，综合评标法可分为定性综合评估法和定量综合评估法两种。

（六）工程监理投标注意事项

1．深入分析影响监理投标的因素。包括分析业主单位、投标人自身竞争对手、竞争环境和项目的条件。

2．把握和深刻理解招标文件要点。工程监理单位必须详细研究招标文件，吃透其精神，能在编制投标文件中全面、最大程度、实质性地响应招标文件的要求。

3．选择有针对性的监理投标策略。包括：以业绩信誉取胜；以高水平服务等承诺取胜；以附加服务取胜等能充分体现企业服务能力和水平特色的独特策略。

4．充分重视项目监理机构的合理设置。工程监理单位必须选派与工程要求相适应的总监工程师，配备专业齐全、结构合理的现场监理人员。

5．有效地组织项目投标团队参加答疑。

四、设备、材料采购与合同价款的约定

工程设备、材料招标采购结果不仅与通信工程建设质量优劣密切相关，也是工程造价的重要组成部分。

（一）设备、材料招标方式

1．公开招标。公开招标又称为竞争性招标。

国际竞争性招标就是公开地广泛地征集投标者，引起投标者之间的充分竞争，从而使招标人能以较低的价格和较高的质量获得设备或材料。

国内竞争性招标适合于合同金额小、工程地点分散且施工时间较长、劳动密集型生产或国内获得货物的价格低于国际市场价格，国内竞争性招标亦要求具有充分的竞争性，程序公开，并且根据事先公布的评标标准，选择符合标准且标价最低的投标人。

2．邀请招标。设备、材料采购的邀请招标是由招标单位向具备设备、材料制造或供应能力的单位直接发出投标邀请书，并且受邀参加投标的单位不得小于三家，它适用于合同金额不大，或所需特定货物的供应商数目有限，或需要尽早交货等情况。

3．其他方式。

（二）设备、材料采购评标的主要方法

1．综合评标价法

以设备、材料投标价为基础，将评定各要素按预定的方法换算成相应的价格，在原投标价上增加或扣减该值而形成评标价格。评标价格最低的投标书为最优。

2．全寿命费用评标价法

采购的设备、材料运行期内各种后续费用（备件、软件升级、扩容、维修等）较高时，可采用以设备、材料全寿命为基础评标价法。评标时应首先确定一个统一的设备、材料评审寿命期，然后再根据各投标书的实际情况，在投标价上加上该年限运行期内所发生的各项费用，再减去寿命期末设备的残值。

3．最低投标价法

采购技术规格简单的初级商品、原材料、半成品以及其他技术规格简单的货物如接入层产品，由于其性能质量相同或容易比较其质量级别，可把价格作为惟一尺度，将合同授予报价最低的投标者。

4．百分评定法

这一方法是按照预先确定的评分标准，分别对各设备、材料投标书的报价和各种服务进行评审打分，得分最高者中标。

信息通信建设工程设备、材料采购是一个非常专业化的工作，除了上述招标评价方法外，还需充分考虑设备、材料的技术和价格因素，提高技术因素评价的客观性以及合理运用全生命周期价格评价法的科学性，满足工程建设需求。

（三）合同价款的约定

设备、材料采购合同价款的确定

按照设备、材料采购的招标方式和评标方法确定的中标价即为设备、材料采购合同价。

设备、材料的国际采购合同中，合同价款的确定与中标价相一致，其具体价格条款应包括单价、总价及与价格有关的运费、保险费、仓储费、装卸

费、各种捐税、手续费、风险责任的转移内容。

第二节　工程量清单计价概述

一、工程量清单计价的意义

工程量清单计价是改革和完善工程价格管理体制的一个重要组成部分。工程量清单计价方法相对于传统的定额计价方法是一种新的计价模式，或者说是一种市场定价模式，是由建设产品的买方和卖方在建设市场上根据供求状况，信息状况进行自主竞价，从而最终能够签订工程合同价格的方法。在工程量清单的计价过程中，工程量清单为建设市场的交易双方提供了一个平等的平台，其内容和编制原则的确定是整个计价方式改革中的重要工作。

工程量清单计价真实反映了工程实际，为把定价自主权交给市场参与方提供了可能，在工程招标投标过程中，投标企业在投标报价时必须考虑工程本身的内容、范围、技术特点要求以及招标文件的有关规定、工程现场情况等因素；同时还必须充分考虑到企业自身方面的因素，如投标单位自己制定的工程进度计划、资源安排计划以及所具有的技术实力和管理水平等。这些因素对投标报价有着直接而重大的影响，而且对每一个招标工程来讲都具有其特殊性的一面，所以应该允许投标单位针对这些方面灵活机动地调整报价，以使报价能够比较准确地与工程实际相吻合。而只有这样才能把投标定价自主权真正交给招标方和投标方，投标方才会对自己的报价承担相应的风险与责任，从而建立起真正的风险制约和竞争机制，避免合同实施过程中的推诿和扯皮现象的发生，为工程管理提供方便。

随着我国信息通信建设的快速发展，市场的作用对工程造价的影响已经越来越大，特别是在《招标投标法》开始实施以来，市场竞争机制逐步形成，以定额计价方法编制的投标报价，难以满足工程招标投标和评标的要求。因为，定额控制的量和相关的取费标准是反应的社会平均消耗水平，不能准确地反映各个企业的实际消耗量，不能全面地体现企业技术装备水平、管理水平和劳动生产率的差异。其次是电信体制改革以及电信企业的多次重组后，行业壁垒下降，通信建设市场也逐步开放。为了适应这种形势，充分体现市场的公平竞争，进一步改革和完善工程造价的管理体制，推行一种与市场经济相适应的投标报价方法是非常必要的。

工程量清单计价不仅仅是一种简单的计价方法，而是提供了一种由市场形成价格的计价模式。在招投标过程中实行工程量清单计价方式，能够真正实现通过市场机制决定工程造价，同时也为建设单位的工程成本控制提供准确、可靠地依据。

二、工程量清单计价的基本概念及特点

（一）工程量清单的概念

工程量清单是由招标人发出的包含拟建工程的全部工程内容以及为实现这些内容而进行的全部工作。工程量清单由分部分项工程量清单、措施项目清单、其他项目清单和规费、税金、安全生产项目清单组成。工程量清单体现了招标人要求投标人完成的工程数量，全面反映了投标报价要求，是投标人进行报价的依据，是招标文件不可分割的一部分。

工程量清单作为招标文件的组成部分，对招标人和投标人都具有约束力。因此，能否编制出完整、严谨的工程量清单，直接影响招标质量，也是招标成败的关键。对于招标人来讲，工程量清单是进行投资控制的前提和基础，工程量清单编制的质量直接关系和影响到工程建设的最终结果。

在理解工程量清单的概念时，首先应注意到，工程量清单是一份由招标人提供的文件，编制人是招标人或其委托的工程造价咨询人。其次，在性质上说，工程量清单是招标文件的组成部分，一经中标且签订合同，即成为合同的组成部分。因此，无论招标人还是投标人都应该慎重对待，再次，工程量清单的描述对象是拟建工程，其内容涉及清单项目的特征、数量等，并以表格为主要表现形式。

（二）工程量清单计价的概念

工程量清单计价是工程招投标中，由招标人公开提供工程量清单，投标人自主报价或由招标人列出工程量清单作为招标文件的一部分提供给投标人，投标人根据招标人提供的工程量清单自主报价的一种计价模式。

工程量清单计价形成分为两个阶段：第一阶段是招标人编制工程量清单，作为招标文件的组成部分；第二阶段由控制价编制人或投标人根据工程量清单进行计价或报价。

在工程招标投标过程中，投标企业在投标报价时必须考虑工程本身的内容、范围、技术特点要求以及招标文件的有关规定、工程现场情况等因素；

同时还必须充分考虑到企业自身方面的因素，如投标单位自己制定的工程进度计划、资源安排计划以及所具有的技术实力和管理水平等。

（三）《通信工程工程量清单计价规范》（YD5192-2009）

为了指导通信建设行业在工程招标投标中推广工程量清单计价模式，规范建设市场行为，进一步促进通信建设市场的有序竞争，通信行业主管部门根据行业特点编写本行业工程量清单计价规范。在编写过程中以现行的《通信建设工程预算定额》为基础，根据通信行业的特点，对工程项目、项目特征、工程内容进行了划分，编制出《通信工程工程量清单计价规范》，为通信建设市场的招标投标活动健康、有序的发展提供依据，从而逐步形成以市场形成价格为主的工程造价管理体系。

2009版《通信工程工程量清单计价规范》由正文和附录两部分组成，其具体内容结构以及各种表格结构在此略去。

（四）工程量清单计价的特点

工程量清单计价与在招投标过程中采用定额计价法相比，采用工程量清单计价方法具有如下一些特点。

1. 满足竞争的需求

招投标过程本身就是一个竞争的过程，招标人给出工程量清单，投标人根据工程量清单报价（此单价中一般包括成本、利润），报高了中不了标，报低了又要赔本，因此，企业会根据自身实力报价，很好体现企业技术、管理的水平，有利于形成企业的竞争力。

2. 提供了一个平等的竞争条件

采用定额计价法投标报价，可能会由于不同投标企业对设计图纸理解不一，计算的工程量不同，报价相距甚远，容易产生纠纷。而工程量清单报价就为投标者提供了一个平等竞争的条件，相同的工程量，由企业根据自身的实力来报价，符合商品交换的一般性原则。

3. 有利于工程款拨付和工程造价的最终确定

中标后，业主要与中标企业签订施工合同，工程量清单报价基础上的中标价就成了合同价的基础。投标清单上的单价也就成了拨付工程款的依据。业主根据施工企业完成的工程量，可以很容易地确定进度款的拨付额。工程竣工后，再根据设计变更、工程量的增减乘以相应的单价，业主很容易确定工程的最终造价。

4. 有利于实现风险的合理分担

采用工程量清单报价方式后，投标单位只对自己所报的成本、单价等负责，而对工程量的变更或计算错误等不承担责任；相应地，对于这一部分风险则应由业主承担，这种格局符合风险合理分担与责权利关系对等的一般原则。

5．有利于业主对投资的控制

采用现在的定额计价法形式，业主对因设计变更、工程量的增减所引起的工程造价变化不敏感，往往等竣工结算时才知道这些对项目投资的影响，但此时常常是为时已晚，而采用工程量清单计价的方式则一目了然，在进行设计变更时，能马上知道它对工程造价的影响，这样业主就可根据投资情况来确定是否变更或进行方案比较，以决定最恰当的处理方法。

三、工程量清单的组成及编制依据

（一）工程量清单的组成

根据《通信建设工程量清单计价规范》（YD5192-2009）的规定，工程量清单的组成如下：

1．封面。

2．总说明。

3．分部分项工程量清单与计价表。

4．措施项目清单与计价表。

5．其他项目清单。

6．规费、税金、安全生产费清单与计价表等。

工程量清单应该由具有编制招标文件能力的招标人，或受其委托具有相应资质的工程造价咨询机构编制。

（二）编制工程量清单的依据

1．《通信工程量清单计价规范》；

2．国家或通信行业主管部门颁布的计价依据和办法；

3．工程设计文件；

4．与工程有关的标准、规范、技术资料；

5．招标文件及其补充通知、答疑纪要；

6．施工现场情况、工程特点及常规施工方案；

7．其他相关资料。

第三节　施工招标工程量清单的编制

一、分部分项工程量清单的编制

分部分项工程量清单是指完成拟建工程的实体工程项目数量的清单。

分部分项工程量清单应根据《通信工程量清单计价规范》附录规定的项目编码、项目名称、项目特征、计量单位和工程量计算规则进行编制。

（一）分部分项工程量清单的项目编码

分部分项工程量清单的项目编码，应由 TX 加八位阿拉伯数字组成，其中前五位应按附录的规定设置，后三位应根据拟建工程的工程量清单项目特征设置，同一招标工程的项目编码不得有重码。

当同一标段（或合同段）的一份工程量清单中含有多个单项或单位工程而且工程量清单是以单项或单位工程为编制对象时，应特别注意在整套工程量清单中对项目编码六至八位的设置不得有重码。

（二）分部分项工程量清单的项目名称

分部分项工程量清单的项目名称应按《通信建设工程量清单计价规范》附录的项目名称结合拟建工程的实际确定。

（三）分部分项工程量清单的计算规则

分部分项工程量清单中所列工程量应按《通信建设工程量清单计价规范》附录中规定的工程量计算规则计算。

分部分项工程量清单项目的工程量计算规则与预算工程量计算规则有着原则上的区别。清单项目的计算原则是以实体安装就位的净尺寸计算，而预算工程量的计算在净值的基础上，再加上人为规定的预留量，这个预留量会随着施工方法、措施的不同而变化。

工程量的有效位数应遵守下列规定：

1. 以数量级较高的重量和长度为计量单位，如"吨"、"千米"为计量单位的应保留三位小数，第四位小数四舍五入；

2. 以数量级较低的重量和长度以及体积为计量单位，如以"千克"、"米"、"百米"、"平方米"、"立方米"等为计量单位的应保留二位小数，第三位小数四舍五入；

3. 以工程实体的自然外形为计量单位的，如"个"、"条"、"根"、

"块"、"台"、"架"、"副"、"部"、"端口"等，以及由多种设备、组件、网络连成一体的，其计量单位常以"项"、"处"、"套"、"组"、"段"、"站"、"链路"、"环"、"系统"、"方向"、"波道"等，计量单位应取整数。

（四）分部分项工程量清单的计量单位

分部分项工程量清单的计量单位应按《通信建设工程量清单计价规范》附录中规定的计量单位确定。当计量单位有两个或两个以上时，应根据所编制工程量清单项目的特征要求，选择最适宜表现该项目特征并方便计量的单位。例如"电源分配架（柜）"工程的计量单位是"架（个）"两个计量单位，在实际工作中，应从中选择最适宜、方便的一个计量单位来表示。

（五）分部分项工程量清单的项目特征

分部分项工程量清单的项目特征应按《通信建设工程量清单计价规范》附录中规定的项目特征，结合拟建工程项目的实际予以描述。

分部分项工程量清单的项目特征是确定一个清单项目综合单价的重要依据，在编制的工程量清单中必须对其项目特征进行准确和全面的描述。

工程量清单项目特征描述的重要意义在于：

1. 项目特征是区分清单项目的依据。没有项目特征的准确描述，对于相同或相似的清单项目名称，就无从区分。

2. 项目特征是确定综合单价的前提。工程量清单项目特征描述得准确与否，直接关系到工程量清单项目综合单价的准确确定。

3. 项目特征是履行合同义务的基础。实行工程量清单计价，工程量清单及其综合单价是施工合同的组成部分，因此，如果工程量清单项目特征的描述不清楚甚至漏项、错误，从而引起在施工过程中的更改，都会引起分歧，从而导致纠纷。

由此可见，清单项目的特征描述，应根据计价规范附录中有关项目的特征，并结合技术规范、标准图集、施工图纸，按照使用材质、规格或安装位置等，进行详细而准确的描述。可以说，准确描述清单项目的特征，对于准确确定清单项目的综合单价具有决定性作用。虽然，对于同一个清单项目，由不同的人进行编制时会有不同的描述，但是，体现项目本质区别的特征和对报价有实质影响的内容必须进行描述。

有时有的项目特征用文字难以准确、全面的描述清楚，为了规范、简洁、准确、全面的描述项目特征，可以采用以下原则进行描述：

1. 项目特征描述的内容按照本规范附录所列的内容，而对每一项内容的具体表述应按照拟建工程的实际要求，以能满足确定综合单价的需要。

2. 如果采用标准图集或施工图纸能够全部或部分满足项目特征描述要求，项目特征描述可以直接采用详见 ×× 图集或者 ×× 图号的方式。

（六）分部分项工程量清单缺项的处理

编制工程量清单出现附录中未包括的项目，编制人可作相应补充，并报工业和信息化部通信工程造价管理机构备案。

补充项目编码应由 TXB 加七位阿拉伯数字组成，其中前四位阿拉伯数字从 0001 起顺序编制，后三位应根据拟建工程的工程量清单项目特征设置，同一招标工程的项目不得重码。工程量清单中需附有补充项目的名称、项目特征、计量单位、工程量计算规则、工程内容。

二、措施项目清单的编制

措施项目可按表 31-1 选择列项，若出现本规范未列的项目，可根据工程实际情况补充。

表 31-1　措施项目一览表

序号	项目名称
1	文明生产费
2	工地器材搬运费
3	工程干扰费
4	工程点交、场地清理费
5	临时设施费
6	工程车辆使用费（含过路、过桥）
7	夜间施工增加费
8	冬雨季施工增加费
9	生产工具用具使用费
10	施工用水、电、蒸汽费
11	特殊地区施工增加费
12	已完工程及设备保护费
13	运土费
14	施工队伍调遣费
15	大型施工机械调遣费

《通信建设工程量清单计价规范》将工程实体项目划分为分部分项工程量清单项目，而非实体项目划分为措施项目。非实体项目，通常其费用的发生和金额的大小与使用时间、施工方法或者两个以上工序相关，与实际完成的实体工程量的多少关系不大，典型的例如文明施工、临时设施等。但是有些非实体性项目，例如光缆线路工程的已完工程保护措施是与完成的线路长度具有直接关系，其费用是可以以长度计量的项目，采用分部分项工程量清单的方式确定综合单价，更有利于合同的管理。

凡是能计算出工程量的措施项目宜采用分部分项工程量清单的方式进行编制，并且要列出项目编码、项目名称、项目特征、计量单位和工程量计算规则。对于不能计算出工程量的措施项目，则采用以"项"为计量单位进行编制。

三、其他项目清单的编制

其他项目清单指根据拟建工程的具体情况，在分部分项工程量清单和措施项目清单以外的项目。包括暂列金额、暂估价、计日工、总承包服务费。这4项作为列项参考，其不足部分，编制人可以根据工程的具体情况进行补充。

1. 暂列金额

暂列金额，是招标人在工程量清单中暂定并包括在合同价款中的一笔款项。不管采用哪种合同方式，理想的标准是，一份建设工程施工合同的价格就是其最终的竣工结算价格，或者两者应尽可能的接近。按照国家的相关规定，经项目审批部门批复的设计概算是工程投资控制的刚性指标。工程建设自身的规律决定，设计需要根据工程进展不断地进行优化和调整，发包人的需求可能会随着工程建设进展出现变化，同时工程建设过程中还存在其他诸多不确定性的因素。要消化这些因素必然会影响合同价格，暂列金额正是为解决这类不可避免的价格调整而设立的，以便合理确定工程造价的控制目标。需要注意的是，暂列金额列入合同价格并不意味属于承包人（中标人）所有，事实上，只有按照合同约定程序实际发生后，才能成为中标人的应得金额，纳入合同结算价款中。扣除实际发生额后的暂列金额余额仍属于招标人所有。

2. 暂估价

暂估价是指招标阶段至签订合同协议时，招标人在招标文件中提供的用于支付必然要发生但暂时不能确定价格的材料以及需要另行发包的配套专业工程金额。为了方便合同管理和计价，需要纳入分部分项工程量清单项目综合单价中的暂估价最好只是材料费，以方便投标人组价。以"项"为计量单位给出的配套专业工程暂估价一般应是综合暂估价，包括除规费、税金以外的管理费和利润等。

3．计日工

计日工是为了解决现场发生的零星工作的计价而设立。所谓的零星工作一般指合同约定以外的或者因变更而产生的、工程量清单中没有相应项目的额外工作，尤其是那些时间不允许事先商定价格的额外工作。计日工为额外工作和变更的计价提供了一个方便快捷的途径。计日工以完成零星工作所消耗的人工工时、材料数量、施工机械台班、仪表台班进行计量，并按照计日工表中填报的适用项目的单价进行计价支付。

4．总承包服务费

总承包服务费是为解决招标人在法律、法规允许的条件下进行配套专业工程发包，以及自行采购供应材料、设备，并需要总承包对发包的配套专业工程提供协调和配合服务，对供应的材料、设备提供收、发和保管服务以及对施工现场进行统一管理，对竣工资料进行统一汇总整理等发生而向总承包人支付的费用。招标人应当预计该项费用并按投标人的投标报价向投标人支付该项费用。

四、规费、税金、安全生产费项目清单的编制

（一）规费项目清单的编制

规费是国家和通信行业主管部门规定必须缴纳的费用。目前规费包括工程排污费、社会保障费（包括养老保险费、失业保险费、医疗保险费）、住房公积金、危险作业意外伤害保险。根据形势发展的需要，政府和有关权力机关可以对规费项目进行调整。如果出现了调整，应根据国家有关部门的规定列项。

（二）税金项目清单的编制

税金项目应根据税务部门的规定列项。

（三）安全生产费项目清单的编制

安全生产费应按照国家相关部门的规定编制，招标人不得要求投标人对该项费用进行优惠，投标人也不得将该项费用参与市场竞争。如果出现了调整，应根据国家有关部门的规定进行相应调整。

第四节　招标控制价与标底

一、招标控制价

（一）招标控制价的含义

全部使用国有资金投资或国有资金投资为主的通信工程建设项目采用工程量清单招标时，应编制招标控制价。招标控制价超过批准的概（预）算时，招标人应将其报原概（预）算审批部门审核。投标人的投标报价高于招标控制价的，其投标应予以拒绝。

在我国对于国有资金投资的工程建设项目，要求编制和使用招标控制价。在实际应用中注意以下三方面的内容。

1. "全部使用国有资金投资或国有资金投资为主的通信工程建设项目采用工程量清单招标时，应编制招标控制价。"为有利于客观、合理的评审投标报价并避免哄抬标价，造成国有资产流失，招标人应编制招标控制价，作为招标人能够接受的最高交易价格。

2. "招标控制价超过批准的概（预）算时，招标人应将其报原概（预）算审批部门审核。"我国对国有资金投资项目的投资控制实行投资概（预）算控制制度，项目投资原则上不能超过批准的投资概算（预算）。因此，当工程招标发包时，当编制的投资控制价超过批准的概（预）算时，招标人应当将其报原概（预）算审批部门重新审核。

3. "投标人的投标报价高于招标控制价的，其投标应予以拒绝。"根据《中华人民共和国政府采购法》第二条、第四条和第三十六条的规定，国有资金投资的工程，其招标控制价相当于政府采购中的采购预算。在国有资金投资工程的招投标活动中，投标人的报价不得超过招标控制价，否则，其投标将被拒绝。

（二）招标控制价的编制依据

1 现行的信息通信建设工程工程量清单计价规范；

2 信息通信行业主管部门颁布的计价定额和计价办法（配套专业工程参照相关行业主管部门颁布的计价定额和计价办法）；

3 工程设计文件及相关资料；

4 招标文件中的工程量清单及有关要求；

5 与建设项目相关的标准、规范、技术资料；

6 工业和信息化部通信工程造价管理机构发布的工程造价信息；未发布的工程造价信息参照市场价；

7 其他的相关资料。

（四）招标控制价的监督与管理

招标人应在招标文件中如实公布招标控制价，不得对所编制的招标控制价进行上浮或下调。而且在公布招标控制价时，还需要公布招标控制价各组成部分的详细内容，而不是只公布招标控制价总价。其次，招标人应在向通信行业主管部门或工程所在地通信管理局招投标监督机构招标备案的材料中一并报送招标控制价及有关资料，以备核查。

投标人经复核认为招标人公布的招标控制价未按照现行相关规定进行编制的，应在开标前向工程所在地通信管理局或工业和信息化部通信工程造价管理机构投诉。

通信管理局招投标监督机构应会同工业和信息化部通信工程造价管理机构对投诉进行处理，发现确有错误的，应责成招标人修改。

二、标底

我国工程施工招标有两种情况，有标底招标和无标底招标。招标项目如果被确定为有标底招标评标时，编制好标底对工程项目造价非常重要。

（一）标底的含义

标底是指招标人编制的完成招标项目所需的全部费用，是根据国家规定的计价依据和计价办法计算出来的工程造价，是招标人对建设工程的期望价格。

标底一般先由设计单位、工程咨询服务部门或建设单位专门从事造价管理部门，编制出设计概算或施工预算，然后经建设单位相关部门共同审查后确定。标底是选择中标企业的一个重要指标，在开标前要严加保密，防止泄漏，以免影响招标的正常进行。标底确定得是否合理、切合实际，是选择最有利的投标企业的关键环节，是实施建设项目的重要步骤。

（二）标底价格编制的原则

编制人员应严格按照国家的有关政策、规定、科学公正地编制标底价格。

1．遵循客观、公正的原则

由于招投标时各单位的经济利益不同，招标单位希望以较低的造价，安全、按期、保质完成工程建设任务。而投标单位的目的则是以最少投入尽可能获取期望的效益。这就要求标底编制人员要有良好的职业道德，站在客观的、公正的立场上，兼顾招标单位和投标单位的双方利益，以保证标底的客观、公正性。

2．严格"量准价实"的原则

在编制标底时，由于勘察、图纸的设计可能存在深度不够，对材料用量的标准及设备选型等内容与标底编制人员交底较浅，容易造成工程量计算不准确，设备、材料价格选用不够合理。因此要求设计人员力求做细、严格按照技术规范和有关标准进行精心设计；而标底编制人员必须具备一定的专业技术知识，只有技术与各专业配合协调一致，才可避免技术与经济脱节，从而达到"量准价实"的目的。

（三）标底文件的主要内容

1．标底编制的综合说明。

2．标底价格审定书、标底价格计算书、带有价格的工程量清单、现场因素、各种施工措施费的测算明细表、工程风险金测算明细表中工程的风险系数测算明细等。

3．主要人工、材料、机械设备用量表。

4．标底附件，包括各项交底纪要、各种材料及设备的价格来源、现场的地质、水文、地上情况的有关资料、编制标底价格所依据的施工方案和特殊施工方法。

5．标底价格编制的有关表格。

（四）标底价格的编制方法

1．以定额计价法编制标底

（1）单位估价法

在工程概预算定额基础上，综合考虑工期、质量、安全、差价因素、自然地理条件和招标工程范围等因素。

（2）实物量法

先用计算出的各分项工程的实物工程量，分别套取预算定额中的人工、材料、机械（仪表）消耗指标，并按类相加，求出单位工程所需的各种人工、材料、施工机械（仪表）台班的总消耗量，然后分别乘以当时当地的人工、材料、施工机械（仪表）台班市场单价，求出人工费、材料费、施工机械（仪表）使用费，再汇总求和。对于其他直接费、现场经费、间接费、计划利润和税金等费用的计算则根据当时当地建筑市场的供求情况和价格给予具体确定。

2．以工程量清单计价法编制标底

（1）工料单价；

（2）完全费用单价；

（3）综合单价法。

第五节　施工投标报价

施工投标报价是施工企业投标工作中最重要内容，投标方要在充分分析和判断的基础上，按招标文件商务报价的要求做出合适的报价。

一、投标文件的内容

1．投标函；

2．投标书附录；

3．投标保证金；

4．法定代表人资格证明书；

5．授权委托书；

6．具有标价的工程量清单与报价表；

7．辅助资料表；

8．资格审查表（资格预审的不采用）；

9．对招标文件中的合同协议条款内容的确认和响应；

10．招标文件规定提交的其他资料。

三、投标的程序

建设工程施工投标的一般程序如图 33-1 所示。

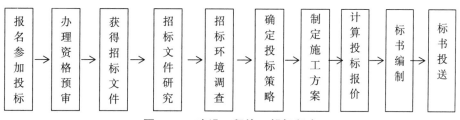

图 33-1　建设工程施工投标程序

根据此程序图，在计算投标报价前应完成以下工作：

（一）研究招标文件

取得招标文件以后，首要的工作是仔细认真地研究招标文件，充分了解其内容和要求，并发现应提请招标单位予以澄清的疑点。研究招标文件要做好以下几方面的工作：

1. 研究工程综合说明，借以获得对工程全貌的轮廓性了解。

2. 熟悉并详细研究设计图纸和技术说明书，目的在于弄清工程的技术细节和具体要求，使制定施工方案和报价有确定的依据。

3. 研究合同主要条款，明确中标后应承担的义务、责任及应享受的权力，重点是承包方式，开竣工时间及工期奖罚，材料供应及价款结算办法，预付款的支付和价款结算办法，工程变更及停工、窝工损失处理办法等。

4. 熟悉投标单位须知，明确了解在投标过程中，投标单位应在什么时间做什么事和不允许做什么事，目的在于提高效率，避免造成废标。

（二）调查投标环境

投标环境就是投标工程的自然、经济和社会条件。

1. 施工现场条件，可通过踏勘现场和研究招标单位提供的相关勘探报告资料来了解。主要有：场地的地理位置，地上、地下有无障碍物，地质条件及安装设备时建筑物的承载能力，进出场通道，给排水和供电设施，材料堆放场地的最大容量，是否需要一次搬运，临时设施场地等。

2. 自然条件，主要是影响施工的风、雨、气温等因素。如风、雨季的起止期，常年最高、最低和平均气温以及地震烈度等。

3. 建材供应条件，包括砂石等地方材料的采购和运输，水泥、木材等材料的供应来源和价格，当地供应构配件的能力和价格，租赁施工机械、仪表的可能性和价格等。

4. 专业分包的能力和分包的条件。

5. 生活必须品的供应情况。

（三）确定投标策略

建筑企业参加投标竞争，目的在于得到对自己最有利的施工合同，从而获得尽可能多的盈利。为此，必须研究投标策略，以指导其投标全过程的活动。

（四）制定施工方案

施工方案是投标报价的一个前提条件，也是招标单位评标要考虑的重要因素之一。施工方案主要应考虑施工方法、主要施工机械、仪表设备、施工进度、现场工人数目的平衡以及安全措施等，要求在技术和工期两个方面对招标单位有吸引力，同时又有助于降低施工成本。

三、投标报价的编制依据与方法

（一）投标报价的编制依据

1. 国家或信息通信行业主管部门颁布的相关计价办法或定额。
2. 企业定额。
3. 招标文件、工程量清单（清单计价时）及其补充通知、答疑纪要。
4. 设备、材料、构配件的价格。
5. 施工现场情况及拟定的施工方案。
6. 分包工程询价。
7. 建设工程设计文件及相关资料。

（二）投标报价的编制方法

1. 分部分项工程量清单计价

（1）复核分部分项工程量清单的工程量和项目是否准确。

（2）研究分部分项工程量清单中的项目特征描述。只有充分地了解了项目的组成特征，才能准确地进行综合单价的确定。

（3）进行清单综合单价的计算。分部分项工程量清单综合单价计算的实质，就是综合单价的组价问题。在工程实践中，综合单价的组价方法主要有两种：

第一，依据定额计价。就是针对工程量清单中的一个项目描述的特征，按照有关定额的项目划分和工程量计算规则进行计算，得出该项目的综合单价。特别应该注意，按照定额计算的有关费用，应该和《通信建设工程工程量清单计价规范》要求的综合单价包括的内容完全一致。

最后，将综合单价填入"分部分项工程量清单计价表"内；如果招标文件要求提交"分部分项工程量清单综合单价分析表"时，还应该将上述的计算结果填入该表的相应栏目内。

第二，根据实际费用估算。就是针对工程量清单中的一个项目描述的特征，按照实际可能发生的费用项目进行有关费用估算并考虑风险费用，然后再除以清单工程量得出该项目的综合单价。特别应该注意，按照实际计算的有关费用，应该和《通信建设工程工程量清单计价规范》要求的综合单价包括的内容完全一致。

（4）进行工程量清单综合单价的调整。根据投标策略进行综合单价的适当调整。值得注意的是，综合单价调整时，过度的降低综合单价可能会加大承包商亏损的风险；过度的提高综合单价可能会失去中标的机会。

（5）编制分部分项工程量清单计价表。将调整后的综合单价填入分部分项工程量清单计价表，计算各个项目的合价和合计。

特别提醒，在编制分部分项工程量清单计价表时，项目编码、项目名称、项目特征、计量单位、工程数量，必须与招标文件中的分部分项工程量清单的内容完全一致。调整后的综合单价，必须与分部分项工程量清单综合单价分析表中的综合单价完全一致。

2．措施项目工程量清单计价

鉴于清单编制人提出的措施项目工程量清单是根据一般情况确定的，没有考虑不同投标人的"个性"，投标人可以在报价时根据企业的实际情况增减措施费项目内容报价。承包商在措施项目工程量清单计价时，根据编制的施工方案或施工组织设计，对于措施项目工程量清单中认为不发生的，其费用可以填写为零；对于实际需要发生，而工程量清单项目中没有的，可以自行填写增加，并报价。

措施项目工程量清单计价表，以"项"为单位，填写相应的所需金额。

每一个措施项目的费用计算，应按招标文件的规定，相应采用综合单价或按每一项措施项目报总价。

3．其他项目工程量清单计价

（1）暂列金额应按照招标人在其他项目清单中列出的金额填写，不得增加或减少。

（2）材料暂估价应按照招标人在其他项目清单中列出的单价计入综合单价；专业工程暂估价应按招标人在其他项目清单中列出的金额填写。

（3）计日工按招标人在其他项目清单中列出的项目和数量，自主确定综合单价并计算计日工费用。

（4）总承包服务费根据招标文件中列出的内容和提出的要求自主确定。

4．规费、税金和安全生产费的计算

规费、税金和安全生产费应按国家和省级、国务院部委有关建设主管部门的规定计取。对于安全生产费，在报价时不参与竞争。

5．其他有关表格的填写

应该按照工程量清单的有关要求，认真填写如"分部分项工程量清单综合单价分析表"、"措施项目费分析表"、"主要材料价格表"等其他要求承包商投标时提交的有关表格。

6. 注意事项

（1）工程量清单与计价表中的每一个项目均应填入综合单价和合价，且只允许有一个报价。已标价的工程量清单中投标人没有填入综合单价和合价，其费用视为已包含（分摊）在已标价的其他工程量清单项目的单价和合价中。

（2）投标总价应当与分部分项工程费、措施项目费、其他项目费和规费、税金、安全生产费的合计金额一致。

（3）材料单价应该是全单价，包括：材料原价、材料运杂费、运输损耗费、加工及安装损耗费、采购保管费、一般的检验试验费及一定范围内的材料风险费用等。但不包括新结构、新材料的试验费和业主对具有出厂合格证明的材料进行检验，对构件做破坏性试验及其他特殊要求检验试验的费用。特别值得强调的是，定额计价法中加工及安装损耗费是在材料的消耗量中反映，工程量清单计价中加工及安装损耗费是在材料的单价中反映。

四、投标报价的策略

（一）根据招标项目的不同特点采用不同的报价。

1. 投标人对施工条件差、劳动密集型、工程量少、断续工作浪费时间比较多、支付条件不好等特殊工程项目，可适度提高投标报价。

2. 投标人对条件好、工程量大、急于打入某个市场、战略性新兴业务、投标竞争对手多等工程项目，可适度降低投标报价。

（二）综合平衡报价

投标人在确定总价的前提下，可适度调整各单项的报价，如一些结算存在争议的项目可调为优惠项，不影响中标，与预期的经济效益不产生矛盾。

（三）计日工单价的报价

计日工不计入总价（如光缆工程现场看护），可报高些，以备变更。但如果计日工单价要计入总报价时，则投标人需具体分析是否报高价，以免抬高总报价。总之，要分析招标方在开工后可能使用的计日工数量再来确定报价。

（四）暂定工程量的报价

1. 规定了暂定工程量的分项内容和暂定总价款，规定投标人必须在总报价中进行，由于分项工程量不准确，允许按投标人所报单价和实际完成工程量付款，投标时对单价应适当提高。

2．列出了暂定工程量的项目的数量，并没有限制估价总价款，要求既列出单价，也应按暂定项目的数量计算总价，结算付款时按实际完成的工程量和所报单价支付，可以采用正常价格。

3．只有暂定工程的一笔固定总金额，将来这笔金额做什么用，由业主确定，如工程配合费（配合测试、开通、割接工作等）。一般采用正常价格。

（五）多方案报价法

对于一些招标文件，投标人如果发现工程范围不很明确，条款不清楚，或技术规范要求过于苛刻时，则要在充分估计投标风险的基础上，可按多方案报价法处理。即是按原招标文件报一个价，然后再提出，如某某条款作某些变动，报价可降低多少，这样以降低总价来吸引招标单位，此种报价方式适合于系统集成项目，但要满足招标文件商务报价条款的要求。

（六）增加建议方案

投标人提出的方案修改了原设计方案，使造价和工期降低。投标人应组织一批有经验的设计和施工工程师，对原招标文件的设计和施工方案仔细研究，提出更为合理的方案以吸引业主，促成自己的方案中标。同时要强调的是，建议方案一定要比较成熟，有很好的可操作性。增加建议方案对原投标文件也要进行报价。

（七）分包商报价的采用

（八）盈亏平衡点计算

投标人按盈亏平衡点加毛利来考虑报价，此种报价适合于已有同类型工程项目施工经验和成本数据。

五、投标决策的方法

（一）投标前决策的主要方法

承包商的投标报价决策，就是解决投标过程中的对策问题。决策贯穿竞争的全过程，对于招投标过程的各个主要环节，都必须及时做出正确的决策，才能取得竞争的全胜，决策包括以下四个步骤：

1．分析本企业在现有资源条件下，在一定时间内，可承揽的工程任务数量。

2．对可投标工程的选择和决定：当只有一项工程可供投标时，决定是否投标；有若干项工程可供投标时，正确选择投标对象，决定向哪个或哪几个工程投标。

3．确定对某工程进行投标后，在满足招标单位质量和工期要求的前提下对工程成本进行估价，即结合工程实际对本企业的技术优势和实力做出合理的评价。

4．在收集各方信息的基础上，从竞争谋略的角度确定采取高价、微利或保本投标报价策略。

（二）决策的几个重要因素

1．管理水平：指能否抽出足够的、水平相应的管理工作人员参加该工程。管理人员的水平、经验和资质往往对项目实施的成败起决定作用。该问题的实质是本公司的工作负荷度，在许多工程招标文件中，业主都要求承包商提交本年度的工作负荷或下年度甚至对于特大型项目，下两、三个年度的工作负荷和人力负荷安排。

2．工人的条件：指工人的技术水平和工人的工种、人数能否满足该工程的要求。

3．机械（仪表）设备条件：该工程需要的施工机械（仪表）设备的品种、数量能否满足要求。

4．对该项目有关情况的熟悉程度：包括对项目本身，业主和监理情况，当地市场情况等。

5．项目的工期要求及交工条件：本公司有无可能达到。

6．以往对同类工程的经验。

7．竞争对手的情况：包括竞争对手的多少、实力以及与业主的关系等。

8．该工程给公司带来的影响和机会。

（三）风险分析

决定是否投标前，应该对项目进行风险分析，应分析的风险因素包括：经济方面、技术方面、管理方面、其它方面等。对以上各种风险因素，可采用"单纯评分比较法"进行分析，其方法如下：

首先对上述分析的因素分类、排队，分别为各个因素确定权重；

然后将每个风险因素按出现的可能性大小分为很大、比较大、中等、不大、较小这五个等级，并赋予各等级一个定量数值，分别以 1.0、0.8、0.6、0.4 和 0.2 打分；

最后将每项风险因素的权数与等级分相乘，求出该项风险因素的得分。若干项风险因素得分之和即为此工程项目风险因素的总分。显然，总分越高说明该项工程风险越大，工程估价时风险费也应取较高水平。

第六节　合同价款的约定

一、工程合同价款的形式

（一）固定合同价

固定合同价是指合同中确定的工程合同价在实施期间不因价格变化而调整。固定合同价可分为固定合同总价和固定合同价两种。一般适用于小型或工期较短的建设项目

（二）可调合同价

可调合同价是指合同中确定的工程合同价在实施期间可随价格变化而调整。一般适用于大型或工期较长（如一年以上）的建设项目。

（三）成本加酬金确定的合同价

合同中确定的工程合同价，其工程成本部分按现行计价依据计算，酬金部分则按工程成本乘以通过竞争确定的费率计算，将两者相加，确定出合同价。一般分为以下几种形式。

1. 成本加固定百分比酬金确定的合同价。
2. 成本加固定金额确定的合同价。
3. 成本加奖罚确定的合同价。
4. 最高限额成本加固定最大酬金确定的合同价。

二、工程施工合同价款的确定方法

（一）通过招标，选定中标人决定合同价

这是工程建设项目发包适应市场机制、普遍采用的一种方式。《中华人民共和国招标投标法》规定：经过招标、评标、决标后自中标通知书发出之日起 30 日内，招标人与中标人应根据招投标文件订立书面合同。其中标价就是合同价。合同内容包括：

1. 双方的权利、义务；
2. 施工组织计划和工期；
3. 质量与验收；
4. 合同价款与支付；

5．竣工与结算；

6．争议的解决；

7．工程保险等。

（二）以施工图预算为基础，发包方与承包方通过协商谈判决定合同价

这一方式主要适用于抢险工程、保密工程、不宜进行招标的工程以及依法可以不进行招标的工程项目，合同签订的内容同上。

三、工程施工合同价款的约定

业主、承包商应当在合同条款中除约定合同价外，一般对下列有关工程合同价款的事项进行约定：

1．预付工程款的数额、支付时间及抵扣方式。

2．工程计量与支付工程进度款的方式、数额及时间。

3．工程价款的调整因素、方法、程序、支付及时间。

4．索赔与现场签证的程序、金额确认与支付时间。

5．发生工程价款纠纷的解决方法与时间。

6．承担风险的内容、范围以及超出约定内容、范围的调整方法。

7．工程竣工价款结算编制与核对、支付及时间。

8．工程质量保证（保修）金的数额、预扣方式及时间。

9．与履行合同、支付价款有关的其他事项。

招标工程合同预定的内容不得违背招投标文件的实质性内容。招标文件与中标人投标文件不一致的地方，签订合同时，以投标文件为准。

第 35 讲　工程量清单的编制案例

清单教材第 89 至 101 页

一、示例工程概况说明

（一）本工程为 xx 直埋光缆线路单项工程。

（二）本工程线路长度为 436km，图纸量较大，由于本教材篇幅的限制，在此只选三段共 4.4km 长度的图纸，供大家学习使用，具体见图 5-1 ～图 5-3。在本例中编制工程量清单时暂不考虑光缆中继段测试。

（三）本段工程在丘陵地区敷设松套填充型 48 芯光缆一条，要求测试偏振模色散；城区部分施工的人工费占总人工费的 10%。

（四）光缆沟及接头坑采用挖、松填方式，土质为普通土，沟深 1.2m，下底 0.3m，放坡系数为 0.125。

（五）在图二"14k"处为光缆接头点，接头两端各预留 7m，并安装监测标石一块。

（六）在图二"15k"处的河两岸各有一个 5m 长光缆的"S"弯预留和立宣传警示牌一块（宣传警示牌为水泥制品，尺寸结构图纸略）。

（七）两处人工截流挖沟（水面宽分别为 30m 和 9m）均不需要砂浆袋。

（八）所选三段图纸部分的对地绝缘检查及处理不需热缩套（包）管。

（九）本段工程共埋设普通标石（1000mm×140mm×140mm）35 个。

（十）公路恢复工程和总承包在本案例中仅作为填表示例，其他工程按实际发生情况填写。

（十一）本工程其他设计及施工图略。

（十二）工程竣工结算表格填写中索赔与现场签证计价汇总表、费用索赔申请（核准）表、现场签证表、工程款支付申请（核准）表没有填写。

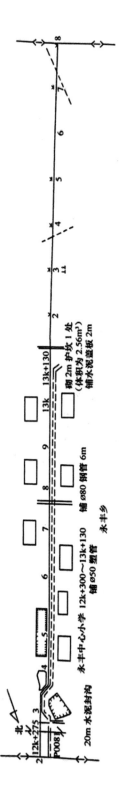

xx 设计院		xx~xx 光缆线路施工图	
单位主管	xxx	审核	xxx
部门主管	xxx	校核	xxx
设计总负责人	xxx	制图	xxx
单项负责人		单位、比例	
设计人	xxx	日期	xxx
		图号	xx-S-GL-1/3

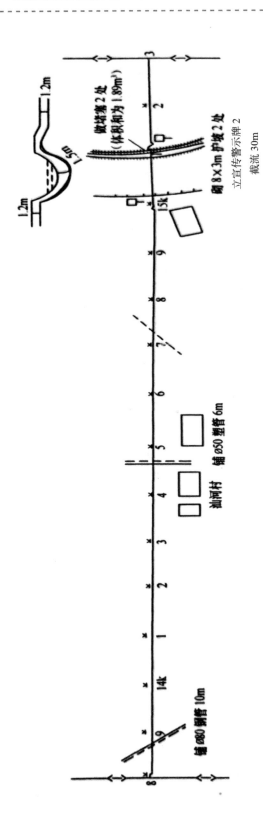

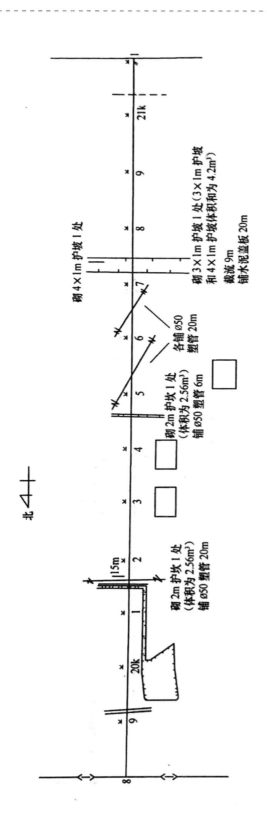

二、工程量清单

xx 直埋光缆线路单项工程

工程量清单

招标人：<u>X X 单位公章</u>

招标法定代表人或其授权人：<u>X X X</u>

工程造价咨询人：<u>（单位盖章）</u>

咨询法定代表人或其授权人：<u>（签字或盖章）</u>

编制人：<u>X X X</u>　　　　　审核人：<u>X X X</u>

编制时间：<u>xx 年 x 月 x 日</u>　　　　审核时间：<u>xx 年 x 月 x 日</u>

（封 −1）

总说明

工程名称：xx 直埋光缆线路单项工程　　　　　　　第 1 页共 1 页

1．工程概况

（1）本工程在丘陵地区施工，土质为普通土，敷设松套填充型 48 芯光缆一条，线路长度 4.4km，要求测试偏振模色散，城区部分施工的人工费占总人工费的 10%。

（2）本工程计划 3 月 1 日开工，工期为 xx 日历天。

2．工程招标范围

xx 直埋光缆线路单项工程中所选三段图纸的工程。

3．工程量清单编制依据

（1）xx 直埋光缆线路单项工程设计及施工图。

（2）《通信建设工程量清单计价规范》。

4．其他需要说明的问题

（1）招标人供应光缆，单价暂定为 10 元／米；承包人应在施工现场对招标人供应的光缆进行验收、保管和使用；招标人供应光缆的价款支付，由招标人支付给承包人，再由承包人供应给供应商。

（2）公路恢复工程另进行专业发包。总承包人应按专业工程承包人的要求提供施工工作面并对施工现场进行统一管理，对竣工资料进行统一整理汇总。

分部分项工程量清单与计价表

工程名称：xx 直埋光缆线路单项工程   标段：   第 1 页共 3 页

序号	项目编码	项目名称	项目特征描述	计量单位	工程量	金额（元）		
						综合单价	合价	其中：暂估价
1	TX41001001	敷设光缆施工测量	直埋	km	4.400			
2	TX42001001	挖填缆沟及接头坑	1. 松填 2. 普通土	m³	2355.00			
3	TX42004001	敷设埋式光缆	1. 丘陵地区 2. 松套填充型 48 芯光缆	千米条	4.453			
4	TX42015001	石砌坡、坎、堵塞	1. 砌护坎 3 处 2. 砌护坡 4 处 3. 做堵塞 2 处	m³	47.37			
5	TX42015002	封石沟	封石沟 1 处	m³	1.20			
6	TX42014001	铺水泥盖板保护	铺水泥盖板 2 处	m	22.00			
7	TX42014002	铺钢管保护	铺钢管 2 处	m	16.00			
			本页小计					
			合计					

注：根据工业和信息化部"关于发布《通信建设工程概算、预算编制办法》及相关定额的通知"（工信部规（2008）75 号）的规定，为计取规费等费用，可在表中增设："其中：人工费"或"其中：建筑安装工程费"。

（表 −06）

工程名称：xx 直埋光缆线路单项工程

分部分项工程量清单与计价表

标段：

第 2 页共 3 页

序号	项目编码	项目名称	项目特征描述	计量单位	工程量	金额（元）		
						综合单价	合价	其中：暂估价
8	TX42014003	铺塑料管保护	铺塑料管 5 处	m	72.00			
9	TX42016001	埋设普通标石	1. 丘陵地区 2. 标石规格为 1000mm×140mm×140mm	个	35.00			
10	TX42018002	埋设对地绝缘监测标石	1. 丘陵地区 2. 监测标石规格为 1000mm×140mm×140mm. 多股铜芯塑料线规格为 RVS2×32/0.15	个	1.00			
11	TX42016003	埋设宣传警示牌	1. 丘陵地区 2. 警示牌为水泥制品，规格见图纸	个	2.00			
			本页小计					
			合计					

（表 -06）

注：根据工业和信息化部"关于发布《通信建设工程概算、预算编制办法》及相关定额的通知"（工信部规〔2008〕75 号）的规定，为计取规费等费用，可在表中增设：
"其中：人工费"或"其中：建筑安装工程费"。

分部分项工程量清单与计价表

工程名称：xx 直埋光缆线路单项工程　　标段：　　　　　　　　　　　　　　　　　　　　　　　　第　页共 3 页

序号	项目编码	项目名称	项目特征描述	计量单位	工程量	综合单价	合价	其中：暂估价
12	TX42018002	A 河人工截流挖沟	1. 河面宽度 30m 2. 河底为松软土质 3. 光缆距水底埋深 1.5m 4. 水底敷设光缆工程量在 "TX42004001" 中考虑	处	1.00			
13	TX42018002	B 河人工截流挖沟	1. 河面宽度 9m 2. 河底为松软土质 3. 光缆距水底埋深 1.5m 4. 水底敷设光缆工程量在 "TX42004001" 中考虑	处	1.00			
14	TX45001001	光缆接续	松套填充型 48 芯光缆	头	1.00			
			本页小计					
			合计					

注：根据工业和信息化部"关于发布《通信建设工程概算、预算编制办法》及相关定额的通知"（工信部规〔2008〕75 号）的规定，为计取规费等费用，可在表中增设："其中：人工费"或"其中：建筑安装工程费"。

（表 -06）

措施项目清单与计价表（一）

工程名称：xx 直埋光缆线路单项工程　　　　标段：　　　　　　　第 1 页共 1 页

序号	项目名称	计算基础	费率（%）	金额（元）
1	文明生产费			
2	工地器材搬运费			
3	工程干扰费			
4	工程点交、场地清理费			
5	临时设施费			
6	工程车辆使用费			
7	夜间施工增加费			
8	冬雨季施工增加费			
9	生产工具用具使用费			
10	施工用水电蒸汽费			
11	特殊地区施工增加费			
12	已完工程及设备保护费			
13	运土费			
14	施工队伍调遣费			
15	大型施工机械调遣费			
合计				

注：本表适用于以"项"计价的措施项目。

（表 -08）

其他项目清单与计价汇总表

工程名称：xx 直埋光缆线路单项工程　　　　　标段：　　　　　　　　第 1 页共 1 页

序号	项目名称	计量单位	金额（元）	备注
1	暂列金额	项	30237	明细详见表-10-1
2	暂估价			
2.1	材料暂估价		-	明细详见表-10-2
2.2	配套专业工程暂估价		20000	明细详见表-10-3
3	计日工			明细详见表-10-4
4	总承包服务费			明细详见表-10-5
合计			50237	-

注：材料的暂估单价进入清单项目综合单价，此处不汇总。

（表-10）

暂列金额明细表

工程名称：xx 直埋光缆线路单项工程　　　　　标段：　　　　　　　　第 1 页共 1 页

序号	项目名称	计量单位	暂定金额（元）	备注
1	设计变更	项	10000	
2	政策性调整和材料价格风险	项	10237	
3	其他		10000	
合计			30237	-

注：此表由招标人填写，如不能详列，也可只列暂定总额，投标人应将上述暂列金额计入投标总价中。

（表-10-1）

材料暂估单价表

工程名称：xx 直埋光缆线路单项工程　　　　　　标段：　　　　　　　　第 1 页共 1 页

序号	材料名称、规格、型号	计量单位	单价（元）	备注
1	光缆	m	10	用在"敷设埋式光缆"清单项目

注：1. 此表由招标人填写，并在备注栏说明暂估价的材料拟用在哪些清单项目上，投标人应将上述材料暂估单价计入工程量清单综合单价报价中。

2. 材料包括原材料、燃料、构配件以及按规定应计入建筑安装工程费中摊销的材料。

（表-10-2）

配套专业工程暂估价表

工程名称：xx 直埋光缆线路单项工程　　　　　　标段：　　　　　　　　第 1 页共 1 页

序号	工程名称	工程内容	金额（元）	备注
1	公路恢复		20000	
合计			20000	

注：此表由招标人填写，投标人应将上述配套专业工程暂估价计入投标总价中。

（表-10-3）

材料暂估单价表

工程名称：xx 直埋光缆线路单项工程　　　　　　标段：　　　　　　　　第 1 页共 1 页

序号	材料名称、规格、型号	计量单位	单价（元）	备注
1	光缆	m	10	用在"敷设埋式光缆"清单项目

注：1. 此表由招标人填写，并在备注栏说明暂估价的材料拟用在哪些清单项目上，投标人应将上述材料暂估单价计入工程量清单综合单价报价中。

2. 材料包括原材料、燃料、构配件以及按规定应计入建筑安装工程费中摊销的材料。

（表 –10-2）

配套专业工程暂估价表

工程名称：xx 直埋光缆线路单项工程　　　　　　标段：　　　　　　　　第 1 页共 1 页

序号	工程名称	工程内容	金额（元）	备注
1	公路恢复		20000	
合计			20000	

注：此表由招标人填写，投标人应将上述配套专业工程暂估价计入投标总价中。

（表 –10-3）

第七章　建设项目施工过程中工程造价的调整与处理

第一节　施工中工程造价的控制与调整

一、施工现场工程造价管理与控制

（一）现场签证管理

在工程项目实施过程中，由于设计、施工、建设方等方面的原因，常常会出现工程量、材料、施工进度等变化，导致工程费用也发生改变，因此，要加强这些变更的管理与控制。一旦发生设计变更，要及时跟进发生变更的工程量计算，对比原来的工程量，是否影响原来成本的计划或目标，如果超过时，要采取经济、技术、组织、合同等措施，确保工程成本目标、工期、其他费用等控制在一定范围内，并做好工程设计变更的有关资料的收集，为以后的工程结算提供原始资料。

现场签证是重要的工程结算资料之一，也是工程全过程造价控制中的难点，为此建设单位项目管理人员与监理工程师要深入工地现场，随时查看工程实施情况，严格核实，规范签证，对施工阶段的隐蔽工程、变更签证进行有效的造价控制。

1. 对工程施工过程中与工程造价有关的隐蔽工程，建设单位会同监理及施工方及时共同测量确定。对于一些不符合预算定额或工程量清单计价规范规定的签证，可以拒签。

2. 对按图纸要求施工的，在不发生变更的情况下，不作签证，对业主及设计单位提出的变更工程，经项目总监理工程师核查确认后，经建设单位审批。为施工单位办理施工变更签证，对于施工单位之间配合不当或其它原因造成的挖、拆、填、修等不予签证部分，由项目总监理工程师提出对这部分工程量分清责任的建议，由责任方承担经济损失，以便有效地保证施工过程的顺利进行。

3. 对于有些实行总价合同或固定合同价款的项目有利于建设单位的，项目总监理工程师应及时向建设单位提出并进行综合测算，为建设单位提供承包基数以确定单位造价。

4. 对于涉及金额较大的签证项目，施工单位在实施前必须先申报详细的施工方案，待建设单位批准后方可实施，项目总监理工程师根据建设单位批准的施工方案和现场的实际情况办理签证。

（二）人工费的控制

在施工过程中，人工费的控制具有较大的难度。尽管如此，我们可以从控制支出和按实签证两个方面来着手解决。

1. 按定额人工费控制施工生产中的人工费，尽量以下达施工任务书的方式承包用工。如产生预算定额以外的用工项目，应按实签证。

按预算定额的工日数核算人工费，一般应以一个分部或一个工种为对象来进行。因为定额具体的分项工程项目由于综合的内容不同，可能与实际施工情况有差别，从而产生用工核定不准确的情况。但是，只要在更大的范围内执行，其不合理的因素就会逐渐克服，这是由定额消耗量具有综合性特点决定的。所以，下达承包用工的任务时，应以分部或工种为对象进行较为合理。

2. 产生了合同价款以外的内容，应按实签证。例如，挖基础土方时，出现了埋设在土内的旧管道，这时，拆除废弃管道的用工应单独签证计算。又如，由于建设单位的原因停止了供电，或不能及时供料等原因造成的停工时间，应及时签证。

（三）工程材料费的控制

材料费是构成工程成本的主要内容。由于材料品种和规格多，用量大，所以其变化的范围也较大。因而，只要施工单位能控制好材料费的支出，就掌握了降低成本的主动权。

材料费的控制应从以下几个方面考虑：

1. 以最佳方式采购材料，努力降低采购成本

（1）选择材料价格、采购费用最低的采购地点和渠道。

（2）建立长期合作关系的采购方式。建筑材料供应商往往以较低的价格给老客户，以吸引他们建立长期的合作关系，以薄利多销的策略来经销建筑材料。

（3）按工程进度计划采购供应材料。在施工的各个阶段，施工现场需要多少材料进场，应以保证正常的施工进度为原则。

2．根据施工实际情况确定材料规格

在施工中，当材料品种确定后，材料规格的选定对节约材料有较重要的意义。例如，我们可以通过采用哪个规格的材料损耗最低的原则来选定。

3．合理使用周转材料

金属脚手架、模块等周转材料的合理使用，也能达到节约和控制材料费的目的。这一目标可以通过以下几个方面来实现。

（1）合理控制施工进度，减少模板的总投入量，提高其周转使用效率。由于占用的模块少了，也就降低了模块摊销费的支出。

（2）控制好工期，做到不拖延工期或合理提前工期，尽量降低脚手架的占用时间，充分提高周转使用率。

（3）做好周转材料的保管、保养工作，及时除锈、防锈，通过延长周转使用次数达到降低摊销费用的目的。

4．合理设计施工现场的平面布置

材料堆放场地合理是指根据现有的条件，合理布置各种材料或构件的堆放地点，尽量不发生或少发生一次搬运费，尽量减少施工损耗和其他损耗。

5．加强材料用量的管理

光缆线路工程、通信管道建设工程材料费约占工程总造价较高，材料费是工程项目成本控制的关键内容。项目总监理工程师根据工程的要求对材料费进行严格的控制，在材料预算—计划—采购—领用—使用—监督等各个环节加强责任制，落实到人。

采购前应掌握材料、设备的投标报价和用量。采购时要及时认真地分析材料市场的价格走势，对大宗材料的采购应多家比选，对大型的项目则应组织招标，优中选优。

材料在使用过程中，要严格按照施工材料消耗定额和工程进度安排用料，限额领用，并对材料使用量进行监督，防止浪费。

（四）工程变更

1．工程变更的概念

所谓工程变更包括设计变更、进度计划变更、施工条件变更以及原招标文件和工程量清单中未包括的"新增工程"。按照有关规定，乙方应根据甲方变更通知并按现场技术负责人要求进行下列相关的变更：

（1）更改工程有关部分的标高、基线、位置和尺寸；

（2）增减合同中约定的工程量；

（3）改变有关工程的施工时间和顺序；

（4）其他有关工程变更需要的附加工作。

2．**工程变更产生的原因**

在工程项目的实施过程中，经常碰到来自业主方对项目要求的修改、设计方由于业主要求的变化或现场施工环境、施工技术的要求而产生的设计变更等。由于这多方面变更，经常出现工程量变化、施工进度变化、业主方与承包方在执行合同中的争执等问题。这些问题的产生，一方面是由于主观原因，如勘察设计工作粗糙，以致在施工过程中发现许多招标文件中没有考虑或估算不准确的工程量，因而不得不改变施工项目或增减工程量；另一方面是由于客观原因，如发生不可预见的事故，自然或社会原因引起的停工和工期拖延等，致使工程变更不可避免。

3．**工程变更的确认**

由于工程变更会带来工程造价和工期的变化，为了有效地控制工程造价，无论任何一方提出工程变更，均需由项目技术负责人确认并签发工程变更指令。当工程变更发生时，要求技术负责人及时处理并确认变更的合理性。一般过程是：提出工程变更→分析提出的工程变更对项目目标的影响→分析有关的合同条款和会议、通信记录→初步确定处理变更所需的费用、时间范围和质量要求→向业主提交变更评估报告→确认工程变更。

4．**认真处理好工程变更的重要意义**

工程变更常发生于工程项目实施过程中，一旦处理不好常会引起纠纷，损害投资者或承包商的利益，对项目目标控制很不利。首先是投资容易失控，因为承包工程实际造价＝合同价＋索赔额。承包方为了适应日益竞争的建设市场，通常在合同谈判时让步而在工程实施过程中通过索赔获取补偿；由于工程变更所引起的工程量的变化、承包方的索赔等，都有可能使投资超出原来的预计投资，所以造价工程师应密切注意对工程变更价款的处理。其次，工程变更容易引起停工、返工现象，会延迟项目的动用时间，对工程进度不利；第三，变更的频繁还会增加监理工程师（本质上为业主方的项目管理）的组织协调工作量；另外对合同管理和质量控制也不利。因此对工程变更进行有效控制和管理就显得十分重要。

5．**工程变更的处理程序**

（1）施工合同中的甲方（建设单位）需对原工程设计进行变更，根据相关规定，甲方应不迟于变更前若干天（比如有的合同文本规定14天）以书面形式向乙方发出变更通知。变更超过原设计标准或批准的建设规模时，须经原规划管理部门和其他有关部门审查批准，并由原设计单位提供变更的相应图纸和说明。甲方办妥上述事项后，乙方根据甲方变更通知并按施工现场技术负责人要求进行变更。因变更导致合同价款的增减及造成的乙方损失，由甲方承担，延误的工期相应顺延。

合同履行中甲方要求变更工程质量标准及发生其他实质性变更，由甲、乙双方协商解决。

（2）施工合同中的乙方（承包商）要求对原工程进行变更，应按以下原则执行。

第一，施工中乙方不得对原工程设计进行变更。因乙方擅自变更设计发生的费用和由此导致甲方的直接损失，由乙方承担，延误的工期不予顺延。

第二，乙方在施工中提出的合理化建议涉及到对设计图纸或施工组织设计的更改及对原材料、设备的换用，须经甲方同意。未经同意擅自更改或换用时，乙方承担由此发生的费用，并赔偿甲方的有关损失，延误的工期不予顺延。

第三，甲方同意采用乙方合理化建议，所发生的费用和获得的收益，甲乙双方另行约定分担或分享。

（3）控制好由施工条件引起的变更。对于施工条件的变更，往往是指未能预见的现场条件或不利的自然条件，即在施工中实际遇到的现场条件同招标文件中描述的现场条件有本质的差异，使承包商向业主提出施工单价和施工时间的变更要求。在信息通信建设工程中，此类现象多发生在与土建工程相关联的一些工程中，比如，机房建设时的基础、通信设备安装时机房相关工艺、通信线路工程施工时地下土质层的变化等等。

在施工实践中，控制由于施工条件变化所引起的合同价款变化，主要是把握施工单价和施工工期的科学性、合理性。因为，在施工合同条款的理解方面，对施工条件的变更没有十分严格的定义，往往会造成合同双方各执一词。所以，应充分做好现场记录资料和试验数据的收集整理工作，使以后在合同价款的处理方面，更具有科学性和说服力。

6. 工程变更价款的计算方法

工程变更价款的确定应在双方协商的时间内，由乙方提出变更价格，报甲方批准后方可调整合同价或顺延工期。甲方对乙方所提出的变更价款，应按照有关规定进行审核、处理，主要有以下几点。

（1）乙方在工程变更确定若干天（14天）内，提出变更工程价款的报告，经甲方确认后调整合同价款。变更合同价款按下列方法进行：

第一，合同中已有适用于变更工程的价格，按合同已有的价格计算变更合同价款；

第二，合同中只有类似于变更工程的价格，可以参照类似价格变更合同价款；

第三，合同中没有适用或类似于变更工程的价格，由乙方提出适当的变更价格，经甲方确认后执行。

（2）乙方在双方确定变更后若干天（14天）内不向甲方提出变更工程价款报告时，视为该项变更不涉及合同价款的变更。

（3）甲方收到变更工程价款报告之日起若干天（14天）内，不予确认。甲方无正当理由不确认时，自变更价款报告送达之日起若干天（14天）后变更工程价款报告自行生效。

（4）甲方不同意乙方提出的变更价款，可以和解或者要求合同管理及其他有关主管部门（如工程造价管理机构）调解。和解或调解不成的，双方可以采用仲裁或向人民法院起诉的方式解决。

（5）甲方确认增加的工程变更价款作为追加合同价款，与工程款同期支付。

（6.）因乙方自身原因导致的工程变更，乙方无权要求追加合同价款。

二、工程价款中的价差调整方法

工程造价价差的调整是指从概算、预算编制期至工程竣工期（结算期），因设备、材料价格、人工费等增减变化，对原批准的设计概算审定的施工图预算及已签订的承包协议价、合同价，按照规定对工程造价允许调整的范围所作的合理调整。

工程造价价差调整的范围包括：建筑安装工程费（包括人工费、材料费、施工机械使用费和其他直接费，间接费）、设备及工器具购置费用和工程建设其他费用。

具体调整的方法如下：

（一）价差的调整应区别不同的工程，根据材料、设备的不同价格形式、供应方式等对工程造价影响的程度，规定合理的调整方法。可按单项工程概、预算（包括设计变更增减预算）所附的人工工日、主要材料、施工机械台班用量以及主要设备数量，按地区建设综合管理部门、国务院各主管部门定期发布的材料、设备预算价格、人工费及其执行时间，依据合同规定对已完工程部分的价差进行调整，对次要的设备、材料可区别不同类型的工程以价格指数调整；可按不同类型的工程，分别以建筑安装工程造价、建筑安装工程直接费、工程建设其它费用等综合造价指数进行调整，对于使用材料品种较少而数量又较大的工程，可采用以人工、材料、施工机械、设备相应的单项价格指数进行调品种较少而数量又较大的工程，可采用以人工、材料、施工机械、设备相应的单项价格指数进行调整。不论采取哪种价差调整方法，均应反映工程所在地区一定时期内的工程造价合理水平，要防止实报实销的做法。

（二）建设期的价差调整应控制在批准的初步设计总概算价差预备费之内。对于建筑安装工程合同造价的价差，应作合理预测积极推行由承包方包干或部分包干的办法。对于合同工期较短或较简单的工程，可由承包单位一次包死，不作调整。对于合同工期较长或较为复杂的工程，实行部分包干，即对主要材料、设备价差进行调整，对次要材料、设备价差包干。对价差的包干、调整方法，价差调整期限以及延误工期的责任等，均应在承包合同中做出明确规定。

三、合同价调整

（一）施工合同管理

施工合同管理是控制工程造价和协调工程进度的依据，也是经济的法律手段。施工合同签订是施工阶段造价控制的源头，签订合理、可靠、严谨的合同，能从根本上控制工程造价，有效地防范合同方面的风险。合同的条款越细越好，要明确双方责任、权利和义务。工程参建单位要高度重视合同的签订及内容，仔细分析合同条款，明晰工作界面、责权利关系，并合理利用合同文本条款，在签订合同时就开始有意识地控制工程造价。

1. 在合同签订前，要仔细分析合同条款，区分开明显的工程价款条款、可转化为经济责任的条款和隐含的经济责任条款。对于明显工程价款条款，采取趋利避害的原则，属于规模小、工期短的项目可采用固定价款；对于规模大、工期长的，采取可调合同价款，以预防不可预计风险因素。对于可转化经济责任条款，需要合理确定比例，科学分配奖惩金额，有效地达到该类条款的促进作用。对于隐含的经济责任条款，应充分考虑风险因素，合理规避风险，防范不可预见的经济损失和索赔。

2. 对工程款的拨付比例及审核的依据进行分析，确保对进度款的合理控制。

3. 审核工程结算条款，对竣工结算的依据、原始资料收集的要求等进行约定。

4. 审核确定工程变更、现场签证、索赔等事项的控制流程及相关管理要求。

5. 进行合同跟踪和对各方履约情况进行评价。全面搜集并分析合同实施的信息，定期将合同实施实施情况与计划进行对比分析，找出其中的偏差，分析偏差产生的原因、责任单位及偏差的发展趋势，找出解决偏差的方法。

（二）法律及市场变化引起的调整

1. 法律变化引起的调整

国家住房和城乡建设部、市场监管总局制定并发布的《建设项目工程总承包合同（示范文本）》（GF-2020-0216）对法律变化导致合同价格调整做出一些约定。

基准日期后，法律变化导致承包人在合同履行过程中所需要的费用发生除市场价格波动引起的调整约定以外的增加时，由发包人承担由此增加的费用；减少时，应从合同价格中予以扣减。基准日期后，因法律变化造成工期延误时，工期应予以顺延。

因法律变化引起的合同价格和工期调整，合同当事人无法达成一致的，由总监理工程师按［商定或确定］的条款约定进行处理。

因承包人原因造成工期延误，在工期延误期间出现法律变化的，由此增加的费用和（或）延误的工期由承包人承担。

因法律变化而需要对工程的实施进行任何调整的，承包人应迅速通知发包人，或者发包人应迅速通知承包人，并附上详细的辅助资料。发包人接到通知后，应根据［变更程序］发出变更指示。

2. 市场价格波动引起的调整

采用 EPC（总包）或 PC（建设采购）建设模式项目，其主要工程材料、设备、人工价格与招标时基期价相比，波动幅度超过合同约定幅度的，双方按照合同约定的价格调整方式调整。

（1）暂时确定调整差额

在计算调整差额时得不到当期价格指数的，可暂用上一次价格指数计算，并在以后的付款中再按实际价格指数进行调整。

（2）权重的调整

按合同条款发包人变更权约定的变更导致原定合同中的权重不合理的，由总监理工程师与承包人和发包人协商后进行调整。

（3）承包人原因工期延误后的价格调整

因承包人原因未在约定的工期内竣工的，则对原约定竣工日期后继续施工的工程，在使用价格调整公式时，应采用原约定竣工日期与实际竣工日期的两个价格指数中较低的一个作为当期价格指数。

（4）发包人引起的工期延误后的价格调整

由于发包人原因未在约定的工期内竣工的，则对原约定竣工日期后继续施工的工程，在使用价格调整公式时，应采用原约定竣工日期与实际竣工日期的两个价格指数中较高的一个作为当期价格指数。

（三）自然灾害、工程量变化引起的调整

1．自然灾害的影响

台风、洪水等不可抗力的自然灾害对信息通信工程还是会产生一些的破坏性的影响，在灾害来临之前，做好预案准备和必要的防护，将灾害造成的损失降为最低，如果预防不到位将对工程造成损失，甚至对工程造价产生影响。对于不可抗力的自然灾害造成工程造价调整，发包方与责任单位应分清责任，施工防护不到位所产生的损失由承包方承担。非承包方的原因由不可抗力的自然灾害造成损失由发包方承担。

信息通信工程中光缆线路工程、通信管道工程、移动通信基站等户外设施建设较多的工程，特别是建设项目建设周期长、站点多、区域跨度大建设项目。在沿海地区夏季强台风、洪水对通信室外设施会产生一定的破坏性的影响，台风经常会带来强降雨，从而引发洪涝灾害，特别是在山区洪水、泥石流、道路塌方等次生灾害冲毁在建的通信设施、光缆线路时而发生。在暴雨、洪水发生期间还要特别注意设备和材料临时存放仓库安全问题，防止被水浸损坏。

2．工程量变化引起调整

工程量变化由众多的原因引起的，也是施工阶段影响工程造价调整的重要因素，其表现为以下几点：

（1）建设单位建设方案调整，增减工程量。

（2）设计的缺陷。

（3）政府的规划调整需改变原路由或设计。

（4）原设计的赔补费用超过预期需更改设计。

（5）主要的施工方案变化。

按批复的设计文件建设标准进行施工，除了上述原因确实需要调整的，需相关单位认真审查，严格审批程序。在项目实施过程中发生任何工程变更都将导致工程造价的变化，所以，工程变更的管理和控制是全过程造价控制的重要内容之一。工程变更是施工阶段影响工程造价最大的因素，对于工程变更应提前预防、及时控制，必要时应多方案必选，并进行优化处理，防止设计变更的随意性和借设计变更增加施工内容、提高建设标准、增加造价。

第二节　工程索赔与索赔费用的确定

一、索赔的相关概念

（一）索赔的定义与作用

索赔是指在合同履行过程中，对并非自己的过错，而是应由对方承担责任的情况造成的实际损失向对方提出经济补偿和（或）时间补偿的要求。索赔是工程承包中经常发生的正常现象。由于施工现场条件、气候条件的变化，施工进度、物价的变化，以及合同条款、规范、标准文件和施工图纸的变更、差异、延误等因素的影响，使得工程承包中不可避免地出现索赔。

索赔的性质属于经济补偿行为，而不是惩罚。索赔的损失结果与被索赔人的行为并不一定存在法律上的因果关系。索赔工作是承发包双方之间经常发生的管理业务，是双方合作的方式，而不是对立。经过实践证明，索赔的健康开展对于培养和发展社会主义建设市场，促进建筑业的发展，提高工程建设的效益，起着非常重要的作用。它有利于促进双方加强内部管理，严格履行合同，有助于双方提高管理素质，加强合同管理，维护市场正常秩序；它有助于双方更快地熟悉国际惯例，熟练掌握索赔和处理索赔的方法与技巧，有助于对外开放和对外工程承包的开展；它有助于政府转变职能，使双方依据合同和实际情况实事求是地协商工程造价和工期，从而使政府从繁琐的调整概算和协调双方关系等微观管理工作中解脱出来；它有助于工程造价的合理确定，可以把原来打入工程报价中的一些不可预见费用，改为实际发生的损失支付，便于降低工程报价，使工程造价更为实事求是。

（二）索赔的处理原则

1. 索赔必须以合同为依据

遇到索赔事件时，工程技术人员必须以完全独立的身份，站在客观公正的立场上审查索赔要求的正当性，必须对合同条件、协议条款等有详细的了解，以合同为依据来公平处理合同双方的利益纠纷。由于合同文件的内容相当广泛，包括合同协议、图纸、合同条件、工程量清单以及许多来往函件和变更通知，有时会形成自相矛盾，或作不同解释，导致合同纠纷。根据我国有关规定，合同文件能互相解释、互相说明，除合同另有约定外，其组成和解释顺序如下：

（1）本合同协议书；

（2）中标通知书；

（3）投标书及其附件；

（4）本合同专用条款；

（5）本合同通用条款；

（6）标准、规范及有关技术文件；

（7）图纸；

（8）工程量清单；

（9）工程报价单或预算书。

2．必须注意资料的积累

积累一切可能涉及索赔论证的资料，同施工企业、建设单位研究的技术问题、进度问题和其他重大问题的会议应当做好文字记录，并争取会议参加者签字，作为正式文档资料。同时应建立严密的工程日志，承包方对发包方指令的执行情况、抽查试验记录、工序验收记录、计量记录、日进度记录以及每天发生的可能影响到合同协议的事件的具体情况等，同时还应建立业务往来的文件编号档案等业务记录制度，做到处理索赔时以事实和数据为依据。

3．及时、合理地处理索赔

索赔发生后，必须依据合同的准则及时地对索赔进行处理。任何在中期付款期间，将问题搁置下来，留待以后处理的想法将会带来意想不到的后果。如果承包方的合理索赔要求长时间得不到解决，单项工程的索赔积累下来，有时可能会影响承包方的资金周转，使其不得不放缓速度，从而影响整个工程的进度。此外，在索赔的初期和中期，可能只是普通的信件往来，拖到后期综合索赔，将会使矛盾进一步复杂化，往往还牵涉到利息、预期利润补偿、工程结算以及责任的划分、质量的处理等，索赔文件及其根据说明材料连篇累牍，大大增加了处理索赔的困难。因此尽量将单项索赔在执行过程中陆续加以解决，这样做不仅对承包方有益，同时也体现了处理问题的水平，既维护了业主的利益，又照顾了承包方的实际情况。处理索赔还必须注意双方计算索赔的合理性，如对人工窝工费的计算，承包方可以考虑将工人调到别的工作岗位，实际补偿的应是工人由于更换工作地点及工种造成的工作效率的降低而发生的费用。

4．加强索赔的前瞻性，有效避免过多索赔事件的发生。

在工程的实施过程中，甲方要将预料到的可能发生的问题及时告诉乙方，避免由于工程返工所造成的工程成本上升，这样也可以减轻乙方的压力，减少其想法设法通过索赔途径弥补工程成本上升所造成的利润损失。另外，甲方在项目实施过程中，应对可能引起的索赔有所预测，及时采取补救措施，避免过多索赔事件的发生。

（三）索赔程序和时限的有关规定

1. 甲方未能按合同约定履行自己的各项义务或发生错误以及应由甲方承担责任的其他情况，造成工期延误或向乙方延期支付合同价款及乙方的其他经济损失，乙方可按下列程序以书面形式向甲方索赔。

（1）索赔事件发生后若干天（如28天）内，向甲方发出索赔意向通知。

（2）发出索赔意向通知后若干天（如28天）内，向甲方提出补偿经济损失和（或）延长工期的索赔报告及有关资料。

（3）甲方在收到乙方送交的索赔报告和有关资料后，于若干天（如28天）内给予答复，或要求乙方进一步补充索赔理由和证据。

（4）甲方在收到乙方送交的索赔报告和有关资料后若干天（如28天）内未予答复或未对乙方作进一步要求，视为该项索赔已经认可。

（5）当该索赔事件持续进行时，乙方应当阶段性向甲方发出索赔意向，在索赔事件终了后若干天（如28天）内，向甲方送交索赔的有关资料和最终索赔报告。索赔答复程序同3、4规定相同。

2. 乙方未能按合同约定履行自己的各项义务或发生错误给甲方造成损失，甲方也按以上各条款确定的时限向乙方提出索赔。

二、索赔证据和索赔文件

（一）索赔证据

任何索赔事件的确立，其前提条件是必须有正当的索赔理由。对正当索赔理由的说明必须具有证据，因为索赔的进行主要是靠证据说话。没有证据或证据不足，索赔是难以成功的。

1. 对索赔证据的要求。

（1）真实性。索赔证据必须是在实施合同过程中确实存在和发生的，必须完全反映实际情况，能经得住推敲。

（2）全面性。所提供的证据应能说明事件的全过程。索赔报告中涉及的索赔理由、事件过程、影响、索赔值等都应有相应证据，不能零乱和支离破碎。

（3）关联性。索赔的证据应当能够互相说明，相互具有关联性，不能互相矛盾。

（4）及时性。索赔证据的取得及提出应当及时。

（5）具有法律证明效力。一般要求证据必须是书面文件，有关记录、协议、纪要必须是双方签署的；工程中重大事件、特殊情况的记录、统计必须由相关人员签证认可。

2．索赔证据的分类

（1）招标文件、工程合同及附件、业主认可的施工组织设计、工程图纸、技术规范等。

（2）工程各项有关设计交底记录、变更图纸、变更施工指令等。

（3）工程各项经业主或监理工程师签认的签证。

（4）工程各项往来信件、指令、信函、通知、答复等。

（5）工程各项会议纪要。

（6）施工计划及现场实施情况记录。

（7）施工日报及工长工作日志、备忘录。

（8）工程送电、送水、道路开通、封闭的日期及数量记录。

（9）工程停电、停水和干扰事件影响的日期及恢复施工的日期。

（10）工程预付款、进度款拨付的数额及日期记录。

（11）工程图纸、图纸变更、交底记录的送达份数及日期记录。

（12）工程有关施工部位的照片及录像等。

（13）工程现场气候记录。有关天气的温度、风力、雨雪等。

（14）工程验收报告及各项技术鉴定报告等。

（15）工程材料采购、订货、运输、进场、验收、使用等方面的凭据。

（16）工程会计核算资料。

（17）有关影响工程造价、工期的文件、规定等。

（二）索赔文件

索赔文件是承包商向业主索赔的正式书面材料，也是业主审议承包商索赔请求的主要依据。索赔文件通常包括三个部分：

1．索赔信。索赔信是一封承包商致业主或其代表的简短的信函，应包括以下内容：

（1）说明索赔事件；

（2）列举索赔理由；

（3）提出索赔金额与工期；

（4）附件说明。

整个索赔信是提纲性的材料，它把其他材料贯通起来。

2. 索赔报告。索赔报告是索赔材料的正文，其结构一般包括三个主要部分。首先是报告的标题，应言简意赅地概括索赔的核心内容；其次是事实与理由，这部分应该叙述客观事实，合理引用合同规定，建立事实与损失之间的因果关系，说明索赔的合理合法性；最后是损失计算与要求赔偿金额及工期，这部分只须列举各项明细数字及汇总数据即可。

需要特别注意的是索赔报告的表达方式对索赔的解决有重大影响。一般要注意如下几方面：

（1）索赔事件要真实、证据确凿。索赔针对的事件必须实事求是，有确凿的证据，令对方无可推卸和辩驳。对事件叙述要清楚明确，避免使用"可能"、"也许"等估计猜测性语言，造成索赔说服力不强。

（2）计算索赔值要合理、准确。要将计算的依据、方法、结果详细说明列出，这样易于对方接受，减少争议和纠纷。

（3）责任分析要清楚。一般索赔所针对的事件都是由于非承包商责任而引起的，因此，在索赔报告中必须明确对方负全部责任，而不可用含糊的语言，这样会丧失自己在索赔中的有利地位，使索赔失败。

（4）在索赔报告中，要强调事件的不可预见性和突发性，说明承包商对它不可能有准备，也无法预防，并且承包商为了避免和减轻该事件的影响和损失已尽了最大的努力，采取了能够采取的措施，从而使索赔理由更加充分，更易于对方接受。

（5）明确阐述由于干扰事件的影响，使承包商的工程施工受到严重干扰，并为此增加了支出，拖延了工期，表明干扰事件与索赔有直接的因果关系。

（6）索赔报告书写用语应尽量婉转，避免使用强硬、不客气的语言，否则会给索赔带来不利的影响。

3. 附件

（1）索赔报告中所列举事实、理由、影响等的证明文件和证据；

（2）详细计算书，这是为了证实索赔金额的真实性而设置的，为了简明可以大量动用图表。

三、施工索赔的内容与特点

在国内外工程索赔实践中，通常把承包商向业主提出的，为了取得经济补偿或工期延长的要求，称为"施工索赔"；把业主向承包商提出的、由于承包商的责任或违约导致业主经济损失的补偿要求，称为"反索赔"。

在国内外一些合同条件中，对业主和承包商所分担的风险是不一样的，也就是说，承包商承担的风险较大，业主承担的风险相对较小。对于这种风险分担不均的现实，承包商可以从多方面采取措施防范，其中最有效的措施之一就是善于进行施工索赔。

（一）施工索赔的主要内容与特点

1. 不利的自然条件与人为障碍引起的索赔。

不利的自然条件是指施工中遭遇的实际自然条件比招标文件中所描述的更为困难和恶劣，这些不利的自然条件和人为障碍增加了施工的难度，导致了承包商必须花费更多的时间和费用，在这种情况下，承包商可以提出索赔要求。

（1）地质条件变化引起的索赔。一般地说，业主在招标文件中会提供有关该工程的勘察所取得的水文及地表以下的资料。有时这类资料会严重失实，不是位置差异极大、就是程度相差较远，从而给承包商带来严重困难，导致费用损失加大或工期延误，为此承包商提出索赔。但在实践中，这类索赔经常会引起争议。这是由于在签署的合同条件中，往往写明承包商在提交投标书之前，已对现场和周围环境及与之有关的可用资料进行了考察和检查，包括地表以下条件及水文和气候条件。承包商应对他自己对上述资料的解释负责。但合同条件中还有另外一条：在工程施工过程中，承包商如果遇到了现场气候条件以外的外界障碍或条件，在他看来这些障碍和条件是一个有经验的承包商也无法预见到的，则承包商应就此向甲方提供有关通知，并将一份副本呈交业主。收到此类通知后，如果甲方认为这类障碍或条件是一个有经验的承包商无法合理地预见到的，在与业主和承包商适当协商后，应给予承包商延长工期和费用补偿的权力。以上两条并存的合同文件，往往是导致承包商同业主及相关技术人员各执一端争议的缘由所在。

（2）工程中人为障碍引起的索赔。在施工过程中，如果承包商遇到了地下构筑物或文物，只要是图纸上并未说明的，而且与甲方工程技术人员共同确定的处理方案导致了工程费用的增加，承包商即可提出索赔。这类索赔一般比较容易成功，因此地下构筑物和文物的发现，的确是属于有经验的承包商也难以合理预见到的人为障碍。

2. 工期延长和延误的索赔

工期延长和延误的费用索赔通常包括两个方面：一是承包商要求延长工期；二是承包商要求偿付由于非承包商原因导致工程延误而造成的损失。一般这两方面的索赔报告要求分别编制。因为工期和费用索赔并不一定同时成立。例如，由于特殊气候、罢工等原因承包商可以要求延长工期，但不能要求赔偿；但是，如果承包商能提出证据说明其延误造成的损失，就有可能有权获得这些损失的赔偿，有时两种索赔可能混在一起，既可以要求延长工期，又可以获得对其损失的赔偿。

（1）关于延长工期的索赔，通常是由于下列原因造成：

①业主未能按时提交可进行施工的现场；

②有记录可查的特殊反常的恶劣天气；

③甲方技术人员在规定的时间内未能提供所需的图纸或指示；

④有关放线的资料不准确；

⑤现场发现化石、古钱币或文物；

⑥工程变更或工程量增加引起施工程序的变动；

⑦业主要求暂停工程；

⑧不可抗力引起的工程损坏和修复；

⑨业主违约；

⑩甲方技术人员对合格工程要求拆除或剥露部分工程予以检查，造成工程进度被打乱，影响后续工程的开展；

⑪工程现场中其他承包商的干扰；

⑫合同文件中某些内容的错误或互相矛盾。

以上这些原因要求延长工期，只要承包商提出合理的证据，一般可以获得甲方的同意，有的还可索赔费用损失。但在某些延误工期的事件中，也会出现多种原因相互重叠造成的状况。例如，恶劣天气条件下不能施工，又恰巧运输的道路中断使某些施工所用材料不能送入现场等，进而影响施工进度。在这时需要实事求是地认真加以调查分析，力求张俊以合理地解决。

（2）关于延误造成费用的索赔，需特别注意两点：一是凡纯属业主的原因造成的工期的拖延，不仅应给承包商适当延长工期，还应给予相应的费用补偿。二是凡属于客观原因（既不是业主原因、也并非承包商原因）造成的拖延，如特殊反常的天气、工人罢工、政府间经济制裁等，承包商可得到延长工期，但得不到费用补偿。

3．加速施工的索赔

当工程项目的施工计划进度受到干扰，导致项目不能按时竣工，业主的经济效益受到影响时，有时业主会发布加速施工指令，要求承包商投入更多资源、加班赶工来完成工程项目。这可能会导致工程成本的增加，引起承包商的索赔。当然，这里所说的加速施工并不是由于承包商的任何责任和原因。按照有关合同条件中的规定，可采用奖励方法解决加速施工的费用补偿，激励承包商克服困难、按时完工。规定当某一部分工程或分部工程每提前完工一天，发给承包人奖金若干。这种支付方式的优点是，不仅促使承包商早日建成工程，早日投入运行，而且计价方式简单，避免了计算加速施工、延长工期、调整单价等许多容易扯皮的繁琐计算和争论。

4. 因施工临时中断和工效降低引起的索赔

由于业主原因造成的临时停工或施工中断，特别是根据业主不合理指令造成了工效的大幅度降低，从而导致费用支出增加，承包商可提出索赔。

5. 业主不正当地终止工程而引起的索赔

由于业主不正当地终止工程，承包商有权要求补偿损失，其数额是承包商在被终止工程上的人工、材料、机械（仪表）设备的全部支出，以及各项管理费、保险费、贷款利息、保函费用的支出（减去已结算的工程款），并有权要求赔偿其盈利损失。

6. 业主风险和特殊风险引起的索赔

由于业主承担的风险而导致承包商的费用损失增大时，承包商可据此提出索赔。另外，某些特殊风险，如战争、敌对行动、外敌入侵、工程所在国的叛乱、暴动、内战、核燃料或核燃料燃烧后的核废物，放射性毒气爆炸等所产生的后果也是非常严重的。许多合同规定，承包商不仅对由此而造成工程、业主或第三方的财产的破坏和损失及人身伤亡不承担责任，而且业主应保护和保障承包商不受上述特殊风险后果的损害，并免于承担由此而引起的与之有关的一切索赔、诉讼及其费用。相反，承包商还应当可以得到由此损害引起的任何永久性工程及其材料的付款及合理的利润，以及一切修复费用、重建费用及上述特殊风险而导致的费用增加。如果由于特殊风险而导致合同终止，承包商除可以获得应付的一切工程款和损失费用外，还可以获得施工机械（仪表）设备的撤离费用和人员遣返费用等。

7. 物价上涨引起的索赔

由于物价上涨的因素，带来了人工费、材料费、甚至施工机械（仪表）费的不断增长，导致工程成本大幅度上升，承包商的利润受到严重影响，也会引起承包商提出索赔要求。

8. 拖欠支付工程款引起的索赔

这是争执最多也较为常见的索赔。一般合同中都有支付工程款的时间限制及延期付款计息的利率要求。如果业主不按时支付中期工程进度款或最终工程款，承包商可据此规定，向业主索要拖欠的工程款并索赔利息，敦促业主迅速偿付。对于严重拖欠工程款，导致承包商资金周围困难，影响工程进度，甚至引起中止合同的严重后果，承包商则必须严肃地提出索赔，甚至诉讼。

9. 法规、货币及汇率变化引起的索赔

（1）法规变化引起的索赔。如果在投标截止日期前的若干天（比如 28 天）

以后，由于业主国家或地方的任何法规、法令、政令或其他法律、法规发生了变更，导致了承包商成本增加。对承包商由此增加的开支，业主应予以补偿。

（2）货币及汇率变化引起的索赔。如果在投标截止日期前的若干天（比如28天）以后，工程施工所在国政府或其授权机构对支付合同价格的一种或几种货币实行货币限制或货币汇兑限制，业主应补偿承包商因此而受到的损失。如果合同规定将全部或部分款额以一种或几种外币支付给承包商，则这项支付不应受上述指定的一种或几种外币与工程施工所在国货币之间的汇率变化的影响。

10．因合同条文模糊不清甚至错误引起的索赔

在合同签订中，对合同条款审查不认真，有的措词不够严格，各处含义不一致，也可能导致索赔的发生。

（二）业主反索赔的内容与特点

业主反索赔是指业主向承包商所提出的索赔，由于承包商不履行或不完全履行约定的义务，或是由于承包商的行为使业主受到损失时，业主为了维护自己的利益，向承包商提出的索赔。一般情况下，业主对承包商的反索赔包括两个方面：其一是对承包商提出的索赔要求进行分析、评审和修正，否定其不合理的要求，接受其合理的要求；其二是对承包商在履约中的其他缺陷责任，如部分工程质量达不到要求，或拖期建成，独立地提出损失补偿要求。

1．对承包商履约中的违约责任进行索赔

根据相关合同规定，因乙方原因不能按照协议书约定的竣工日期或甲方技术人员同意顺延的工期竣工，或因乙方原因工程质量达不到协议书约定的质量标准，或因乙方不履行合同义务或不按合同约定履行义务的情况，乙方均应承担违约责任，赔偿因其违约给甲方造成的损失。双方在合同专用条款内约定乙方赔偿甲方损失的计算方法或者乙方应当支付违约金的数额或计算方法。施工过程中业主反索赔的主要内容有以下几个方面。

（1）工期延误反索赔。在工程项目的施工过程中，由于多方面的原因，往往使竣工日期拖后，影响业主对该工程的利用，给业主带来经济损失。业主有权对由于承包商责任造成工期延误的，对承包商提出索赔。通常这类索赔是由业主在招标文件中的误期违约金确定。业主在确定违约金的费率时，一般要考虑以下因素：

①业主盈利损失；

②由于工期延长而引起的货款利息增加；

③工程拖期带来的附加监理费；

④由于本工程拖期竣工不能使用，租用其他建筑物时的租赁费。

至于违约金的计算方法，在每个合同文件中均有具体规定。一般按每延误一天赔偿一定的款额计算，累计赔偿额一般不超过合同总额的10%。

（2）施工缺陷反索赔。当承包商的施工质量不符合施工技术规程的要求，或在保修期未满以前未完成应该负责修补的工程时，业主有权向承包商追究责任。如果承包未在规定的时限内完成修补工作，业主有权雇佣他人来完成工作，发生的费用由承包商负担。

（3）承包商不履行的保险费用索赔。如果承包商未能按合同条款指定的项目投保，并保证保险有效，业主可以投保并保证保险有效，业主所支付的必要的保险费可在应付给承包商的款项中扣回。

（4）对超额利润的索赔。如果工程量增加很多（比如超过有效合同价的15%），使承包商预期的收入增大，因工程量增加承包商并不增加太多固定成本，合同价应由双方讨论调整，收回部分超额利润。

由于法规的变化导致承包商在工程实施中降低了成本，产生了超额利润，应重新调整合同价格，收回部分超额利润。

（5）对指定分包商的付款索赔。在工程承包商未能提供已向指定分包商付款的合理证明时，业主可以直接按照技术人员的证明书，将承包商未付给指定分包商的所有款项（扣除保留金）付给该分包商，并从应付给承包商的任何款项中如数扣回。

（6）业主合理终止合同或承包商不正当地放弃工程的索赔。如果业主合理地终止承包商的承包，或者承包商不合理地放弃工程，则业主有权从承包商手中收回新的承包商完成所需的工程款与原合同未付部分的差额。

（7）由于工伤事故给业主方人员或第三方人员造成的人身或财产损失的索赔，以及承包商运送建筑材料及施工机械设备时损坏了公路、桥梁或隧洞，道桥管理部门提出的索赔等。

2. 对承包商所提出的索赔要求进行评审、反驳与修正。

首先是审定承包商的这项索赔要求有无合同依据，即有没有该项索赔权。审定过程中要全面参阅合同文件中的所有有关合同条款，客观评价、实事求是、慎重对待。对承包商的索赔要求不符合合同文件规定的，即被认为没有索赔权，而使该项索赔要求落空。但要防止有意地轻率否定的倾向，避免合同争端升级。根据施工索赔的经验，判断承包商是否有索赔的权力时，主要依据以下内个方面。

（1）此项索赔是否具有合同依据。凡是工程项目合同文件中有明文规定的索赔事项，承包商均有索赔权，即有权得到合理的费用补偿或工期延长；

否则，业主可以拒绝这项索赔要求。

（2）索赔报告中引用索赔理由不充分，论证索赔权漏洞较多，缺乏说服力。在这种情况下，业主可以否决该项索赔要求。

（3）索赔事项的发生是否为承包商的责任。凡是属于承包商方面的原因造成的索赔事项，业主都应予以反驳拒绝，采取反索赔措施。凡是属于双方都有一定责任的情况，则要分清谁是主要责任者，或按各方责任的后果，确定承担责任的比例。

（4）在索赔事项初发时，承包商是否采取了控制措施。凡是遇到偶发事故影响工程施工时，承包商有责任采取力所能及的一切措施，防止事态扩大，尽力挽回损失。如确有事实证明承包商在当时未采取任何措施，业主可拒绝承包商要求的损失补偿。

（5）此项索赔是否属于承包商的风险范畴。在工程承包合同中，业主和承包商都承担着风险，甚至承包商的风险更大些。凡属于承包商合同风险的内容，如一般性的多雨，一定范围内的物价上涨等，业主一般还会接受这些索赔要求。

（6）承包商没有在合同规定的时限内（一般为发生索赔事件后的 28 天内）向业主报送索赔意向通知。

3. 核定索赔款额

甲方在收到乙方相关索赔资料后，要认真核定索赔款额，肯定其合理的索赔要求，反驳或修正不合理的索赔要求，在肯定承包商具有索赔权前提下，业主要对承包商提出的索赔报告进行详细审核，对索赔款组成的各个部分逐项审核、查对单据和证明文件，确定哪些不能列入索赔款额，哪些款额偏高，哪些在计算上有错误和重复。通过这些检查，削减下来承包商提出的索赔额，使其更加可靠和准确。

第三节　施工工程价款结算

一、施工工程价款结算概述

（一）施工工程价款结算的意义

所谓施工工程价款结算是指承包商在工程实施过程中，依据承包合同中关于付款条款的规定和已经完成的工程量，并按照规定的程序向业主收取工程价款的一项经济活动。施工工程价款结算是工程项目承包中的一项十分重要的工作，主要表现在以下几个方面。

1. 施工工程价款结算是反映工程进度的主要指标

在施工过程中，工程价款的结算依据之一就是按照已完成的工程量进行结算，也就是说，承包商完成的工程量越多，所应结算的工程款就应越多，所以，根据累计已结算的工程价款占合同总价款的比例，能够近似地反映出工程的进度情况，有利于准确掌握工程进度。

2. 施工工程价款结算是加速资金周转的重要环节

承包商能够尽快地结算回工程价款，有利于偿还债务，也有利于资金的回笼，降低承包商内部运营成本。通过加速资金周转，提高资金使用的有效性。

3. 施工工程价款结算是考核经济效益的重要指标

对于承包商来说，只有工程价款如数地结算，才意味着完成了"惊险一跳"，避免了经营风险，承包商也才能够获得相应的利润，进而达到良好的经济效益。

（二）工程价款的主要结算方式

1. 按月结算

实行旬未或月中预支，月终结算，竣工后清算的办法。跨年度竣工的工程，在年终进行工程盘点，办理年度结算。我国现行建筑安装工程价款结算中，相当一部分是实行这种按月结算。

2. 竣工后一次结算

建设项目全部建筑安装工程建设期在 12 个月以内，或者工程承包合同价值在 100 万元以下的，可以实行工程价款每月月中预支，竣工后一次结算。

3. 分段结算

对于当年开工，当年不能竣工的建设项目按照工程进度，划分不同阶段进行结算。分段结算可以按月预支工程款。

4. 目标结款方式

在工程合同中，将承包工程的内容分解成不同的控制界面，以业主验收控制界面作为支付工程价款的前提条件。也就是说，将合同中的工程内容分解成不同的验收单元，当承包商完成单元工程内容并经业主（或其委托人）验收后，业主支付构成单元工程内容的工程价款。

目标结构方式下，承包商要想获得工程价款，必须按照合同约定的质量标准完成界面内的工程内容；要想尽早获得工程价款，承包商必须充分发挥自己组织实施能力，在保证质量前提下，加快施工进度。这意味着承包商拖延工期时，则业主推迟付款，增加承包商的财务费用、运营成本，降低承包商的收益，客观上使承包商因延迟工期而遭受损失。同样，当承包商积极组织施工，提前完成控制界面内的工程内容，则承包商可提前获得工程价款，增加承包收益，客观上承包商因提前工期而增加了有效利润。同时，因承包商在界面内质量达不到合同约定的标准而业主不预验收，承包商也会因此遭受损失。可见，目标结款方式实质上是动用合同手段、财务手段对工程的完成进行主动控制。

目标结款方式中，对控制界面的设定应明确描述，便于量化和质量控制，同时要适应项目资金的供应周期和支付频率。

（三）工程预付款及其计算

施工企业承包工程，一般都实行包工包料，这就需要有一定数量的备料周转金。在工程承包合同条款中，一般要明文规定发包单位（甲方）在开工前拨付给承包单位（乙方）一定限额的工程预付备料款。此预付款构成施工企业为该工程项目储备主要材料、结构件所需的流动资金。

甲乙双方应当在施工合同专用条款内约定甲方向乙方预付工程款的时间和数额，开工后按约定的时间和比例逐次扣回。预付时间应不迟于约定的开工日期前7天。甲方不按约定预付，乙方在约定预付时间7天后向甲方发出要求预付的通知，甲方收到通知后仍不能按要求预付，乙方可在发出通知后7天停止施工，甲方应从约定应付之日起向乙方支付应付款的货款利息，并承担违约责任。

工程预付款仅用于乙方支付施工开始时与本工程有关的动员费用。如乙方滥用此款，甲方有权立即收回。在乙方向甲方提交金额等于预付款数额（甲方认可的银行开出）的银行保函后，甲方按规定的金额和规定的时间向乙方支付预付款，在甲方全部扣回预付款之前，该银行保函将一直有效。当预付款被甲方扣回时，银行保函金额相应递减。

二、施工工程进度款的支付（中间结算）

建筑工程价款结算方式应按照国家有关规定，由发包单位与承包单位在合同中约定。公开招标发包的，其价款计价方式、支付时间的约定，须遵守招标投标法律的规定和合同的约定，及时拨付工程款项。

（一）工程进度款支付流程

除专用合同条件另有约定外，承包人应在合同约定的工程进度节点满足要求后，向业主（或监理工程师）提交进度付款申请单，申请表格式用《建设工程监理规范》〖GB/T 50319-2013〗规定 B 类表《工程款支付报审表》，申请流程为：

乙方工程量测量与统计→乙方提交已完工工程量报告→甲方核实并确认→甲方认可并审批→支付工程进度款。

（二）工程进度款支付过程中应注意的事项

1．工程量的确认

（1）乙方应按约定时间，向甲方提交已完工程量的报告。甲方应在收到乙方进度付款申请单以及相关资料后 7 天内按设计图纸核实已完工程量，并在计量前 24 小时通知乙方，乙方为计量提供便利条件并派人参加。乙方不参加计量，甲方自行进行，计量结果有效，作为工程价款支付的依据。

（2）甲方收到乙方报告 7 天内未进行计量，从第 8 天起，乙方报告中开列的工程量即视为已被确认，作为工程价款支付的依据。甲方不按约定时间通知乙方，使乙方不能参加计量，计量结果无效。

（3）甲方对乙方超出设计图纸范围和（或）因自身原因造成返工的工程量，不予计量。

2．合同收入的组成

（1）合同中规定的初始收入，即建造承包商与客户在双方签订的合同中最初商订的合同总金额，它构成了合同收入的基本内容。

（2）因合同变更、索赔、奖励等构成的收入，这部分收入并不构成合同双方在签订合同时已在合同中商订的合同总金额，而是在执行合同过程中由于合同变更、索赔、奖励等原因而形成的追加收入。

3．工程进度款支付

（1）进度款在双方计量确认后 14 天内，甲方应向乙方支付进度款。同期用于工程上的甲方供应材料设备的价款，以及按约定时间甲方应按比例扣回的预付款，同期结算。

（2）符合规定范围的合同价款的调整，工程变更调整的合同价款及其他条款中约定的追加合同价款，应与工程款（进度款）同期调整支付。

（3）甲方超过约定的支付时间不支付进度款，乙方可向甲方发出要求付款通知，甲方收到乙方通知后仍不能按要求付款，可与乙方协商签订延期付款协议，经乙方同意后可延期支付。协议须明确延期支付时间和从甲方计量签字后第 15 天起计算应付款的货款利息。

（4）甲方不按合同约定支付进度款，双方又未达成延期付款协议，导致施工无法进行，乙方可停止施工，由甲方承担违约责任。

三、工程保修金的预留

按照有关规定，工程项目总造价中应预留出一定比例的尾留款作为质量保修费用（又称保留金），待工程项目保修期结束后最后拨付。有关保修金应如何扣除，一般有两种做法。

（一）当工程进度款拨付累计额达到该建筑安装工程造价的一定比例（一般为 95% ～ 97% 左右）时，停止支付，预留造价部分作为保修金。

（二）根据相关招标文件规定，保留金的扣除，可以从甲方向乙方第一次支付的工程进度款开始，在每次乙方应得的工程款中扣留投标书附录中规定金额作为保修金，直至保修金总额达到投标书附录中规定的限额为止。

四、工程竣工结算及其审查

（一）工程竣工结算的含义

工程竣工结算是指施工企业按照合同规定的内容全部完成所承包的工程，经验收质量合格，并符合合同要求之后，向发包单位进行的最终工程价款结算。

（二）合同中对竣工结算的详细规定

1. 工程竣工验收报告经甲方认可后 28 天内，乙方向甲方递交竣工结算报告及完整的结算资料，甲乙双方按照协议书约定的合同价款及专用条款约定的合同价款调整内容，进行工程竣工结算。

2. 甲方收到乙方递交的竣工结算报告及结算资料后 28 天内进行核实，给予确认或者提出修改意见。甲方确认竣工结算报告后通知经办银行向乙方支付工程竣工结算价款。乙方收到竣工结算价款后 14 天内将竣工工程交付甲方。

3. 甲方收到竣工结算报告及结算资料后 28 天内无正当理由不支付工程竣工工程结算价款，从第 29 天起按乙方同期向银行货款利率支付拖欠工程价款的利息，并承担违约责任。

4. 甲方收到竣工结算报告及资料后 28 天内不支付工程竣工结算价款，乙方可以催告甲方支付结算价款。甲方在收到竣工结算报告及结算资料后 56 天仍不支付的，乙方可以与甲方协议将该工程折价，也可以由乙方申请人民法院将该工程依法拍卖，乙方就该工程折价或者拍卖的价款优先受偿。

5. 工程竣工验收报告经甲方认可后 28 天内，乙方未能向甲方递交竣工结算报告及完整的结算资料，造成工程竣工结算不能正常进行或工程竣工结算价款不能及时支付，甲方要求交付工程的，乙方应当交付；甲方不要求交付工程的，乙方承担保管责任。

6. 甲乙双方对工程竣工结算价款发生争议时，按争议的约定处理。

在实际工作中，当年开工、当年竣工的工程，只需办理一次结算。跨年度的工程，在年终办理一次年终结算，将未完工程结转到下一年度，此时竣工结算等于各年度结算的总和。

（二）工程竣工结算的审查

工程竣工结算审查是竣工结算阶段的一项重要工作。经审查核定的工程竣工结算是核定建设工程造价的依据，也是建设项目验收后编制竣工决算和核定新增固定资产价值依据。因此，建设单位、监理公司以及审计部门等，都十分关注竣工结算的审核把关。一般从以下几方面入手。

1. 核对合同条款

首先，应该对竣工工程内容是否符合合同条件要求，工程是否竣工验收合格，只有按合同要求完成全部工程并验收合格才能列入竣工结算。其次，应按合同约定的结算方法、计价定额、取费标准、主材价格和优惠条款等，对工程竣工结算进行审核，若发现合同开口或有漏洞，应请建设单位与施工单位认真研究，明确结算要求。

2. 检查隐蔽验收记录

所有隐蔽工程均需进行验收，两人以上签证；实行工程监理的项目应经监理工程师签证确认。审核竣工结算时应该对隐蔽工程施工记录和验收签证，手续完整，工程量与竣工图一致方可列入结算。

3. 落实设计变更签证

设计修改变更应由原设计单位出具设计变更通知单和修改图纸，设计、校审人员签字并加盖公章，经建设单位和监理工程师审查同意、签证；重大设计变更应经原审批部门审批，否则不应列入结算。

4. 按图核实工程数量

竣工结算的工程量应依据竣工图、设计变更单和现场签证等进行核算，并按相关规定的计息规则计息工程量。

5. 严格执行合同单价

结算单价应按合同约定或招投标规定的计价定额与计价原则执行。

6. 注意各项费用计取

建筑安装工程的取费标准应按合同要求或项目建设期间与计价定额配套

使用的建筑安装工程费用定额及有关规定执行，先审核各项费率、价格指数或换算系数是否正确，价差调整计算是否符合要求，再核实特殊费用和计算程序。要注意各项费用的计取基数，如安装工程的相关间接费等是以人工费为基数，这个人工费是定额人工费与人工费调整部分之和。

7. 防止各种计算误差

工程竣工结算子目多、篇幅大，往往有计算误差应认真核算，防止因计算误差多计或少算。

第四节　工程造价争议的处理

当事人对工程造价发生合同纠纷时，可通过下列办法解决。

1. 双方协商确定。

2. 按合同条款约定的办法提请调解。

3. 向有关仲裁机构申请仲裁或向人民法院起诉。

《最高人民法院关于审理建设施工合同纠纷案件适用法律问题的解释》第16条规定，当事人对建设工程的计价标准或者计价方法有约定的，按照约定结算工程价款。因设计变更导致建设工程的工程量或质量标准发生变化，当事人对该部分工程价款不能协商一致的，可以参照签订建设工程施工合同时当地建设行政主管部门发布的计价方法或者计价标准结算工程价款。

第八章　建设项目验收投产阶段工程造价的确定与处理

竣工决算与保修费用的处理

一、竣工决算

建设项目竣工决算是指在工程竣工验收交付使用阶段，由建设单位编制的建设项目从筹建到竣工验收、交付使用全过程中实际支付的全部建设费用，反映建设项目实际造价和投资效果的文件。项目法人可以通过竣工决算与概算、预算的对比分析，考核项目造价控制的工作成效，总结经验教训，积累技术经济方面的基础资料，提高未来同类建设项目的投资效益。竣工决算是整个建设工程的最终价格，也是项目法人核定各类新增资产价值，办理其交付使用的依据。

（一）竣工决算的编制依据

1. 经批准的可行性研究报告及其投资估算书；
2. 经批准的初步设计或扩大初步设计及其概算书或修正概算书；
3. 经批准的施工图设计及其施工图预算书；
4. 设计交底或图纸会审会议纪要文件；
5. 招投标文件、采购合同、承包合同、工程结算资料；
6. 施工记录或施工签证单及其他施工发生的费用记录及审批资料；
7. 竣工图及各种竣工验收资料；
8. 历年基建资料、财务决算及批复文件；
9. 设备、材料等调价文件和调价记录；
10. 有关财务核算制度、办法和其他有关资料、文件等。

（二）竣工决算的编制步骤

1. 收集、整理、分析原始资料。从工程开始就按编制依据的要求，收集、清点、整理有关资料，主要包括建设项目档案资料，如：设计文件、施工记录、上级批文、概（预）算文件、工程结算的归集整理，财务处理、财产物资的盘点核实及债权债务的清偿，做到账账、账证、账实、账表相符。对各种设备、材料、工具、器具等要逐项盘点核实并填列清单，妥善保管，或按照有关规定处理，不得任意侵占和挪用。

2. 工程对照、核实工程变更情况，重新核实各单位工程、单项工程造价。将竣工资料与原设计图纸进行查对、核实，必要时可实地测量，确认实际变更情况；根据经审定的施工单位竣工结算等原始资料，按照有关规定对原概（预）算进行增减调整，重新核定工程造价。

3. 经审定的待摊投资、其他投资、待核销支出和非经营项目的转出投资，按照国家或相关部门规定要求，严格划分和核定后，分别计入相应的建设支出（占用）栏目内。

4. 编制竣工财务决算说明书。说明书编写力求内容全面、简明扼要、文字流畅、说明问题。

5. 认真填写竣工财务报表。

6. 认真做好工程造价对比分析。

7. 清理、装订好竣工图。

8. 按相关规定上报审批，存档。

（三）竣工决算报告

竣工决算报告由竣工决算说明、竣工决算报表、建设工程项目竣工资料和工程造价比较分析四部分组成。不同的行业对建设项目的结算报告的格式要求稍有不同，在编制决算报告应根据行业对建设项目的管理要求进行编制，若无特别要求，建设项目决算报告一般按以下要求编制。

1. 竣工决算说明主要内容

（1）建设工程项目概况，工程项目总的评价，总体评价一般从进度、质量、安全、节能环保等方面进行分析说明。

（2）工程项目建设过程和管理中的重大事件、经验教训。

（3）会计账务的处理、财产物资情况及债权债务的清偿情况。

（4）资金节余、项目建设结余资金、基本建设收入等的上交分配情况。

（5）主要技术经济指标的分析、计算情况以及工程项目遗留问题等。

（6）项目财务管理及决算中存在的问题、建议。

（7）需说明的其他事项。

2．竣工决算报表 5

按规定，建设项目竣工财务决算报表按大、中型建设项目和小型建设项目分别制定。

大、中型建设项目竣工财务决算报表包括：建设项目竣工财务决算审批表；大、中型建设项目概况表；大、中型建设项目竣工财务决算表；大、中型建设项目交付使用资产总表；建设项目交付使用资产明细表。

小型建设项目竣工财务决算报表包括：建设项目竣工财务决算审批表、小型建设项目竣工财务决算总表、建设项目交付使用资产明细表。

竣工决算报告表式分为两部分。第一部分为工程概况表等专用表式，第二部分为通用表式。

（1）工程概况表

①建设项目工程概况表。

（2）通用表式

②财务决算总表。

③财务决算明细表。

④资金来源情况表。

⑤已核销及转出投资明细表。

⑥工程造价和概算执行情况表。

⑦外资使用情况表。

⑧交付使用财产总表。

⑨交付使用财产明细表。

编制的竣工决算报告需填制全套报表，必须完整。

3．建设工程项目竣工资料。建设工程项目竣工图是真实记录各种地上地下建筑物、构筑物等情况的技术文件，是工程进行竣工验收交付、维护、改建和扩建的依据。为确保竣工图质量，必须在施工过程中及时做好隐蔽工程检查记录，整理好设计变更文件。

4．工程造价比较分析。批准的概（预）算是考核建设工程实际造价的依据。在分析时，可将决算报表中所提供的实际数据和相关资料与批准的概（预）算指标进行对比，以反映出竣工项目总造价和单方造价是节约还是超支，在对比的基础上，找出节约和超支的内容和原因，总结经验教训，提出改进措施。

（四）竣工决算时限要求

与信息通信建设项目竣工决算编制时间完成的时间要求，有关法规中做出规定。

1. 财政部关于印发《基本建设财务管理规定》的通知（财建）［2002］394号）第三十七条……建设单位应在项目竣工后3个月内完成竣工财务决算的编制工作。

2. 财政部《关于进一步加强中央基本建设项目竣工财务决算工作的通知》（财办建［2008］91号）第二条第一款时限要求：项目建设单位应在项目竣工后三个月内完成竣工财务决算的编制工作，并报主管部门审核。

3. 财政部《企业财务通则》（中华人民共和国财政部令［2006］第41号）第二十六条……企业在建工程项目交付使用后，应当在一个年度内办理竣工决算。

二、保修费用的处理

（一）保修

按照《中华人民共和国民法典》第三篇《合同》第十八章《建设工程合同》，建设工程的施工合同内容包括对工程质量保修范围和质量保证期。保修就是指施工单位按照国家或行业现行的有关技术标准、设计文件以及合同中对质量的要求，对已竣工验收的建设工程在规定的保修期限内，进行维修、返工等工作。为了使建设项目达到最佳状态，确保工程质量、降低生产或使用费用，发挥最大的投资效益，业主方工程技术人员应督促设计单位、施工单位、设备材料供应单位认真做好保修工作，并加强保修期间的投资控制。一般情况下，保修期由建设单位和施工单位在合同中规定。

（二）保修费用

保修费用是指对保修期间和保修范围内所发生的维修、返工等各项费用支出。保修费应按招投标文件要求和合同约定及有关规定进行确定和控制。保修费用一般可参照建筑安装工程造价的确定程序和方法计算，也可以按照建筑安装工程造价或承包工程合同价的一定比例计算（目前取5%）。一般工程竣工后，承包人保留工程款的5%作为保修费用，保修金的性质和目的是一种现金保证金，目的是保证承包人在建设工程项目在保修过程中能恰当履行合同的约定。

（三）保修费用的处理方法

《中华人民共和国建筑法》的规定，在保修费用的处理问题上，必须根据保修项目的特点、内容等多种因素的实际情况确定保修责任方，对于保修的经济责任的确定，应当由相关责任方承担，保修费用可按建设单位与责任方合同条款约定的经济处理办法执行。

1. 因承包单位未按国家有关规范、标准和设计文件要求施工而造成质量问题，由承包单位负责返修并承担经济责任。

2. 因设计方面的原因而造成质量缺陷，由设计单位承担经济责任，质量缺陷可由施工单位负责维修，其费用按有关约定通过建设单位向设计单位索赔，不足部分由建设单位负责协调相关方解决。

3. 因设备、材料、构配件质量不合格引起的质量缺陷，属于承包单位采购的，由承包单位承担经济责任，属于建设单位采购的，由建设单位承担经济责任。

4. 因使用单位使用不当造成的损坏问题，由使用单位自行负责处理。

5. 因台风、洪水、地震等不可抗力原因造成的损坏，设计、施工单位不承担经济责任，问题由建设单位负责处理。